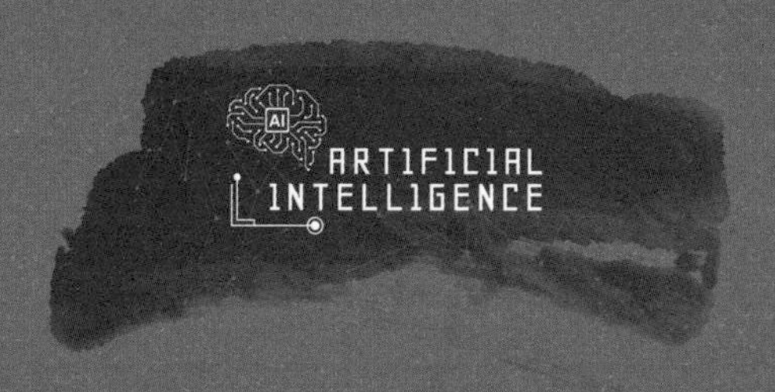
ARTIFICIAL
INTELLIGENCE

U0387238

INTRODUCTION TO
KNOWLEDGE
ENGINEERING

知识工程

人工智能如何学贯古今

龚 超　郑子杰　霍颖怡　任 赟　著

化学工业出版社
·北京·

内容简介

“人工智能超入门丛书”致力于面向人工智能各技术方向零基础的读者，内容涉及数据素养、机器学习、视觉感知、情感分析、搜索算法、强化学习、知识图谱、专家系统等方向，体系完整、内容简洁、文字通俗，综合介绍人工智能相关知识，并辅以程序代码解决问题，使得零基础的读者快速入门。

《知识工程：人工智能如何学贯古今》是“人工智能超入门丛书”中的分册，以科普的形式讲解了知识工程的相关知识，内容生动有趣，带领读者走进知识工程的世界。本书包含学习知识工程必备的相关知识，如逻辑运算、逻辑推理等均是重要的基础内容；书中也对专家系统进行了剖析，从构成、分类、推理到应用实例，由浅入深，层层递进。同时，本书对知识图谱也做了详细解读，包括本体、实现路径以及相应的实例。最后，本书通过两大章，对Neoj4做了介绍，从入门知识到实践案例，让初学者能学懂并应用到实际。本书还搭配了三个附录，分别是图数据库相关知识、花卉知识图谱以及腾讯扣叮Python实验室：Jupyter Lab使用说明。

本书适合知识工程方向初学者阅读学习，可以作为人工智能及计算机相关工作岗位的技术人员的入门读物，也可以作为高等院校人工智能及计算机专业的师生阅读参考，对人工智能感兴趣的人群也可以阅读。

图书在版编目（CIP）数据

知识工程：人工智能如何学贯古今 / 龚超等著 . —北京：化学工业出版社，2023.11

（人工智能超入门丛书）

ISBN 978-7-122-44067-9

Ⅰ . ①知…　Ⅱ . ①龚…　Ⅲ . ①人工智能 - 普及读物　Ⅳ . ① TP18-49

中国国家版本馆 CIP 数据核字（2023）第 161407 号

责任编辑：周　红　曾　越　雷桐辉　　装帧设计：王晓宇

责任校对：宋　玮

出版发行：化学工业出版社

（北京市东城区青年湖南街13号　邮政编码100011）

印　　装：三河市延风印装有限公司

880mm×1230mm　1/32　印张6½　字数150千字

2023年11月北京第1版第1次印刷

购书咨询：010-64518888　　售后服务：010-64518899

网　　址：http://www.cip.com.cn

凡购买本书，如有缺损质量问题，本社销售中心负责调换。

定　　价：69.80元

前言

新一代人工智能的崛起深刻影响着国际竞争格局，人工智能已经成为推动国家与人类社会发展的重大引擎。2017 年，国务院发布《新一代人工智能发展规划》，其中明确指出：支持开展形式多样的人工智能科普活动，鼓励广大科技工作者投身人工智能知识的普及与推广，全面提高全社会对人工智能的整体认知和应用水平。实施全民智能教育项目，在中小学阶段设置人工智能相关课程，逐步推广编程教育，鼓励社会力量参与寓教于乐的编程教学软件、游戏的开发和推广。

为了贯彻落实《新一代人工智能发展规划》，国家有关部委相继颁布出台了一系列政策。截至 2022 年 2 月，全国共有 440 所高校设置了人工智能本科专业，387 所高等职业教育（专科）学校设置了人工智能技术服务专业，一些高校甚至已经在积极探索人工智能跨学科的建设。在高中阶段，“人工智能初步”已经成为信息技术课程的选择性必修内容之一。在 2022 年实现“从 0 到 1”突破的义务教育阶段信息科技课程标准中，明确要求在 7 ～ 9 年级需要学习“人工智能与智慧社会”相关内容，实际上，1 ～ 6 年级阶段信息技术课程的不少内容也与人工智能关系密切，是学习人工智能的基础。

人工智能是一门具有高度交叉属性的学科，笔者认为其交叉性至少体现在三个方面：行业交叉、学科交叉、学派交叉。在大数据、算法、算力三驾马车的推动下，新一代人工智能已经逐步开始赋能各个行业。人工智能也在助力各学科的研究，近几年，《自然》等顶级刊物不断刊发人工智能赋能学科的文章，如人工智能推动数学、化学、生物、考古、设计、音乐以及美术等。人工智能内部的学派也在不断交叉融合，像知名的 AlphaGo，就是集三大主流学派优势，并且现在这种不同学派间取长补短的研究开展得如火如荼。总之，未来的学习、工作与生活中，人工智能赋能的身影将无处不在，因此掌握一定的人工智能知识与技能将大有裨益。

从笔者长期从事人工智能教学、研究经验来看，一些人对人工智能还存在一定的误区。比如将编程与人工智能直接画上了等号，又或是认为人工智能就只有深度学习等。实际上，人工智能的知识体系十分庞大，内容涵盖相当广泛，不但有逻辑推理、知识工程、搜索算法等相关内容，还涉及机器学习、深度学习以及强化学习等算法模型。当然，了解人工智能的起源与发展、人工智能的道德伦理对正确认识人工智能和树立正确的价值观也是十分必要的。

通过对人工智能及其相关知识的系统学习，可以培养数学思维（mathematical thinking）、逻辑思维（reasoning thinking）、计算思维（computational thinking）、艺术思维（artistic thinking）、创新思维（innovative thinking）与数据思维（data thinking），即MRCAID。然而遗憾的是，目前市场上既能较综合介绍人工智能相关知识，又能辅以程序代码解决问题，同时还能迅速入门的图书并不多见。因此笔者策划了本系列图书，以期实现体系内容较全、配合程序操练及上手简单方便等特点。

本书以知识工程为主线，按照如下内容进行组织：第1章介绍知识工程的概念、历史与发展；第2章介绍了知识工程所涉及的逻辑基础相关内容；第3章则介绍了知识工程的推理基础以及如何利用计算机实现推理过程；第4章深入介绍专家系统的概念和原理，读者将了解专家系统如何基于领域知识和推理机制提供智能的问题解决方案；

第 5 章引领读者进入知识图谱的世界，介绍知识图谱的构建方法和应用场景，以及如何利用知识图谱来实现智能搜索和推荐等功能；第 6 章向读者介绍 Neo4j 这一知识图谱数据库的基本概念、数据模型和查询语言，并通过实例演示如何构建和查询知识图谱；第 7 章展示了一些使用 Neo4j 的真实应用案例。本书的附录部分回顾了图数据库的发展历程，对创建知识图谱做了补充说明，同时还介绍了 Python 实验室 Jupyter Lab 的使用。

本书的出版要感谢曾提供热情指导与帮助的院士、教授、中小学教师等专家学者，也要感谢与笔者一起并肩参与写作的其他作者，同时还要感谢化学工业出版社编辑老师们的热情支持与一丝不苟的工作态度。

在本书的出版过程中，未来基因（北京）人工智能研究院、腾讯教育、阿里云、科大讯飞等机构给予了大力支持，在此一并表示感谢。

由于笔者水平有限，书中内容不可避免会存在疏漏，欢迎广大读者批评指正并提出宝贵的意见。

龚超

2023年8月于清华大学

目录

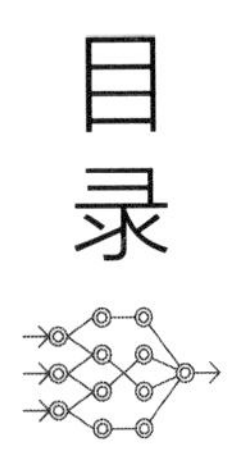

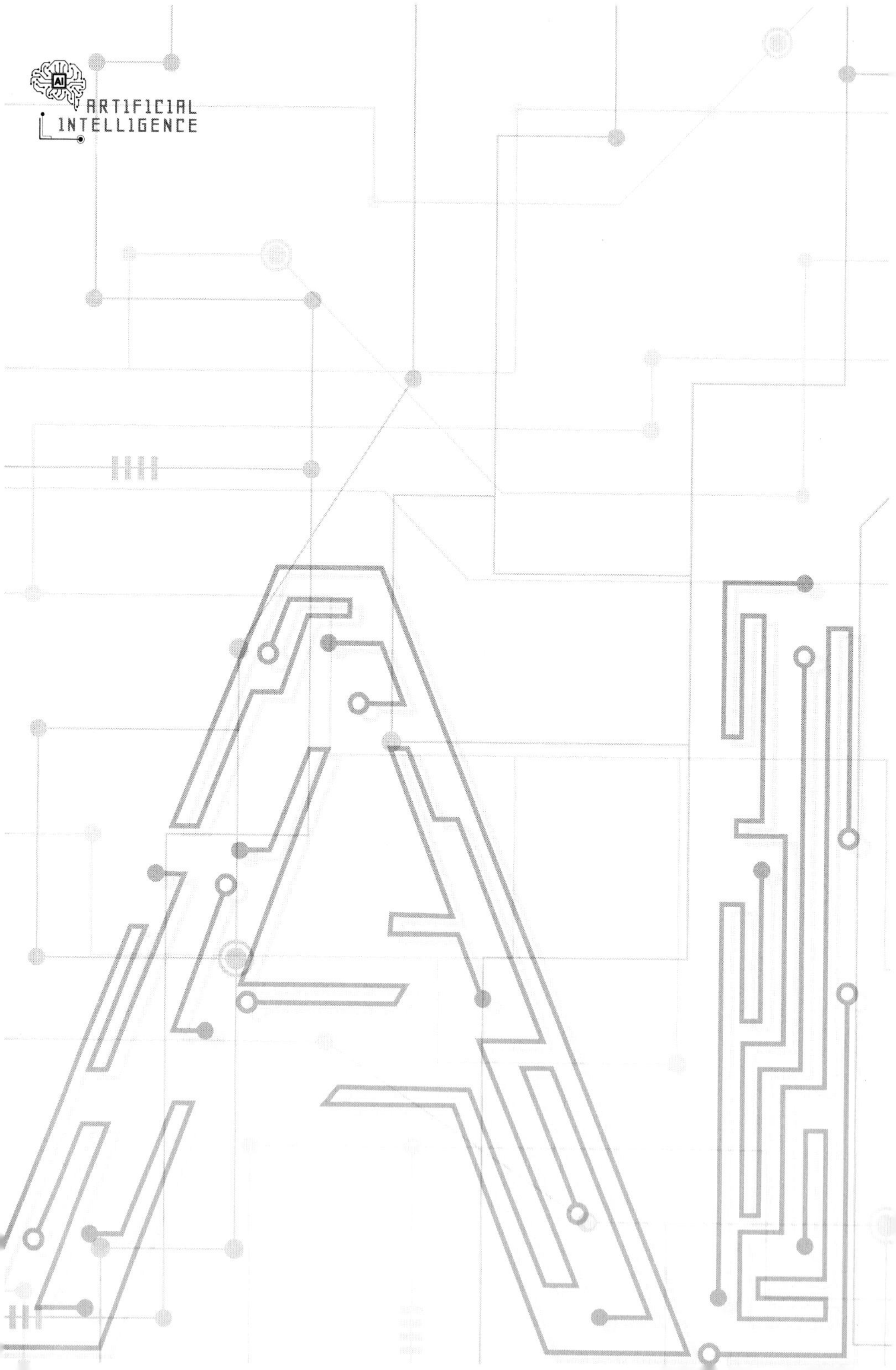
ARTIFICIAL
INTELLIGENCE

第1章 知识工程

1.1 知识工程与历史沿革

1.2 知识表示与推理

1.3 专家系统与知识图谱

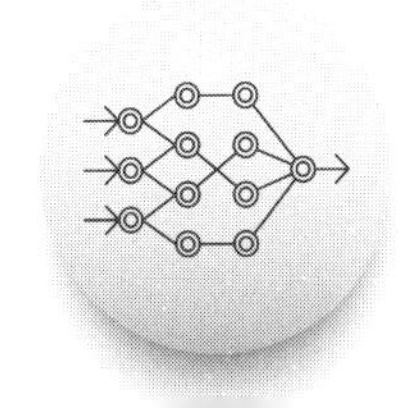

1.1 知识工程与历史沿革

1.1.1 知识工程是什么

1958 年，MIT 的著名学者约翰·麦卡锡提出了“有常识的程序”的概念，将常识知识引入到系统中。这一概念对于人工智能的发展具有重大的意义。

20 世纪 70 年代的时候，由于简单的搜索和规则方法难以解决大规模的困难和复杂问题，许多学者开始转而寻求解决特定领域的智能任务。

1977 年，美国斯坦福大学教授爱德华·费根鲍姆（Edward Albert Feigenbaum）提出了“知识工程（knowledge engineering）”的概念，指出利用自动机对知识进行获取、操作和利用。爱德华·费根鲍姆和劳伊·雷迪（Raj Reddy）是知识工程领域的杰出代表，他们共同获得的图灵奖表明了他们在该领域的杰出贡献，他们的工作为知识工程技术和应用的发展做出了重要贡献。爱德华·费根鲍姆在 1994 年获得图灵奖，事后发表了 *How the “What” become the “How”* 一文，再次强调了什么是知识。

知识工程是人工智能领域中研究如何获取、表示、存储、管理和应用知识的一门学科。知识工程的目的就在于将人类的知识转化为易于计算机处理的形式，使机器能够理解和处理这些知识，以达到智能化的目的。

知识工程是人工智能符号主义学派的产物之一，它的核心就是如何理解和利用人类的智慧解决问题。知识工程将人类的知识通过建模的方式进行表示，使得计算机可以利用这些知识来推理、解析、识别等，从而完成人类可以完成的任务。

知识工程包括三大主要活动：

- 知识的获取：知识的获取是知识工程中的一个重要环节，它的主要目的是通过调研、采访领域专家等方式，获取与解决问题相关的知识和经验，然后将这些知识进行整理、分类、筛选、抽象和形式化，最终建立一个完善的知识库，用于后续的知识表示、推理和应用。
- 知识的表示：知识的表示是指在某一特定领域中，将从知识获取阶段获得的信息和领域专家所具有的经验知识进行形式化，以便计算机能够识别和处理，建立完备知识库。知识表示通过构建语义网络、本体、规则等方式将人类知识形式化，使得计算机能够像人类一样理解和使用该知识。
- 知识的推理和应用：基于获取和表示的知识，通过推理和应用技术实现对实际问题的求解。推理是指基于已有的知识进行分析、推导和推理，以及对新知识的自动化处理，实现对实际问题的求解。

这三个活动是知识工程的关键环节，它们协同工作，使得计算机能够像人类专家一样进行推理和决策，从而达到智能化的目的。

1.1.2 知识就是力量

在古代，由于信息的传播和交流方式有限，人们需要依靠口头传承的方式来获取和传播知识。因此，“知”造字本义是指谈论和传授狩猎作战的经验，这些经验是通过狩猎和战争来积累和沉淀的知识。另外，“识”造字本义是指辨别、认识、指认武器，这暗示了在古代武器装备稀少的情况下，人们需要对武器进行辨识和识别。

《说文解字》将“知”释义为“从口从矢，知理之速，如矢之疾也”，表示明白道理的人说话快捷而有力，如同射箭一样。在这个意义上，“知识”也开始代表人们认知和理解世界的智慧。古代的“知识”概念主要强调经验传承和实用性，而随着时间的推移，“知识”逐渐成为指代人们认识和理解世界的重要内容。孔子曾说过：“知之为知之，不知为不知，是知也”，最后的“知”即通知识，是人类智能的象征。

柏拉图把知识定义为“Justified True Belief”，即知识需要满足“合理性（justified）、真实性（true）、被相信（believed）”这三个核心要素。“知识就是力量”这句名言出自弗朗西斯·培根（France Bacon），实际上他当时的原话是“知识和人类力量是同义词（knowledge and human power are synonymous）”。

伯特兰·罗素等人倡导创立的分析哲学，是一种采用形式化方法来精确分析和探讨哲学问题的哲学流派。分析哲学强调使用逻辑语言和思维工具来提高哲学思考的准确性和科学性，而这些工具也成为了数学和计算机科学中的基础理论。在分析哲学的框架下，人类对世界的认识（即知识）也成为了研究的重要对象。通过形式化手段，人们可以更加准确地阐述和表述知识，并对知识的来源、本质和评判标准进行深入探究。因此，分析哲学的研究成果成为了当代人工智能以及计算机科学的重要理论基础之一。

《现代汉语词典（第七版）》对知识的定义是：人们在社会实践中所获得的认识和经验的总和。1999年，国家科技领导小组发布的《关于知识经济与国家知识基础设施的研究报告》中，对“知识”给出如下定义：

“经过人的思维整理过的信息、数据、形象、意象、价值标准以及社会的其他符号化产物，不仅包括科学技术知识——知识中最重要的部分，还包括人文社会科学的知识，商业活动、日常生

活和工作中的经验和知识，人们获取、运用和创造知识的知识，以及面临问题作出判断和提出解决方法的知识。”

人类通过各种手段来描述、表示和传承知识，包括自然语言、绘画、音乐、数学语言、物理模型、化学公式等。对于机器也是如此，要想具备获取、表示和处理知识的能力，就必须掌握有效的知识表示方式，尤其是常识知识，才能实现真正类似于人类的智能。对于机器来说，知识是指它们对客观世界的认知、理解、表达和处理等方面的掌握。这些包括各种事实、概念、规则和原则等的知识。

张钹院士在其《迈向第三代人工智能》一文中曾指出，第一代人工智能是知识驱动的人工智能，利用知识、算法和算力 3 个要素构造人工智能，第二代是数据驱动的人工智能，利用数据、算法与算力 3 个要素构造人工智能。建立一个全面反映人类智能的人工智能，需要有鲁棒与可解释的人工智能理论与方法，需要发展安全、可信、可靠和可扩展的第三代人工智能技术。第三代是结合知识驱动和数据驱动，通过同时利用知识、数据、算法和算力等 4 个要素构造更强大的人工智能[1]。

知识具有很多种分类方式，不同的分类方法对应不同的应用场景。

① 知识按照内容进行划分，具有以下的分类方式：

- 知道是谁的知识（know-who）指从人际关系和社交网络中获取的知识；
- 知道怎样做的知识（know-how）指技能和操作知识；
- 知道是什么的知识（know-what）指有关事实和信息的知识；

---

[1] 张钹，朱军，苏航．迈向第三代人工智能．中国科学：信息科学，2020, 050(009): 1281-1302.

• 知道为什么的知识（know-why）指自然原理和规律方面的知识。

② 按照获取方式的不同，知识可以分为：

• 显性知识（explicit knowledge）：显性知识是可以通过记录和传播方式传递和交流的知识。它可以用文字、数字、符号和其他表格形式传达。无论是教科书、期刊、技术手册，还是文字文档、视听媒体、电子邮件等，显性知识都可以被记录、存储、传播和搜索。显性知识是一种形式化的、系统化的或理性的知识，因此它可以被学习、教授和评估。显性知识更容易管理和传播，可以方便地在团队成员之间交流和共享。

• 隐性知识（tacit knowledge）：隐性知识是指个人在行动和实践中获得的非正式、难以口头传达和描述的知识和经验。它是个人价值观、信仰、态度和我们基于经验和实践所获得的技能、直觉和能力等方面的反映。隐性知识通常是难以明确表达的，与其相伴随着的大多数是非语言化的体验、情感、感觉、模式等。从某种程度上来说，它是一个人在实践中积累的“无形”财富。因此，隐性知识不同于显性知识，无法直接传递、学习和体系化地管理。

③ 按作用范围的不同，知识可以分为：

• 常识性知识（common sense knowledge）：常识性知识是指普通人普遍了解和掌握的知识，它可以适用于许多领域和方面。常识性知识是基础的、宽泛的，不属于某一特定领域的知识，包括生活中的道德规范、正确的言谈举止、追求健康的生活方式等。由于常识性知识是普遍适用的，因此它在日常生活中扮演着非常重要的角色。

• 领域性知识（domain knowledge）：领域性知识是面向具体领域和专业的、专门化的知识。通常需要具备某种专业技能或专业知识背景，才能理解、学习和应用它。领域性知识可以是自然科学、

工程或技术等领域的知识，也可以是社会科学、医学或法律等领域的知识。领域性知识有时会非常具体和有限，仅适用于特定领域，因此如果不具备相关的背景知识，理解起来可能难度较大。

④ 按照确定性，知识可以分为：

• 确定性知识（deterministic knowledge）：确定性知识是指那些可以通过确切的数学公式、定义、规则等来表示的知识。确定性知识是精确的、准确的、无异议的知识。它建立在科学、工程、逻辑等领域的理性探索和推论基础上，具有严密性和推导性。比如 1+1=2，三角形内角和为 180°。

• 不确定性知识（uncertainty knowledge）：不确定性知识是与风险、不完全信息和模糊性有关的知识。它们在预测结果方面不那么精确，可能包含错误的猜测、推测和估计，但却是必不可少的。这种知识经常存在于实践中，在这里决策者必须依据其经验来进行推论、猜测或判断。比如天气预报中的下雨、市场波动的股票价格等问题都属于这一范畴。

DIKW 金字塔（DIKW pyramid）是一个广泛使用的模型，用于描述数据、信息、知识和智慧之间的关系和层次结构。这个模型包括四个层次，每个层次都代表了不同的概念和价值，如图 1-1 所示。

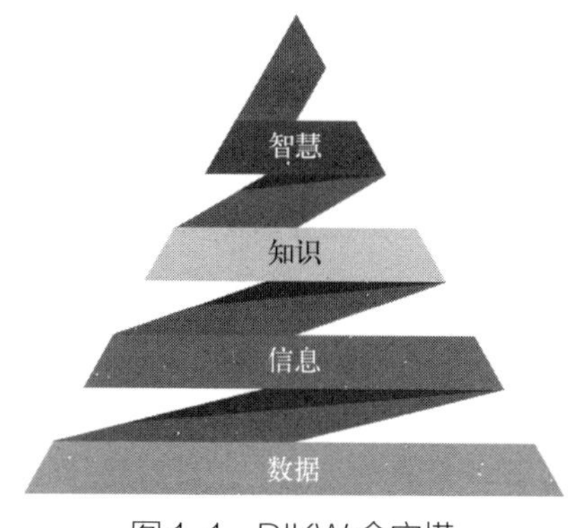

图 1-1　DIKW 金字塔

• 数据（data）：数据是最基本的层次，是从观测、实验和记录中收集的原始事实。数据没有意义，需要进行加工处理才能获得有意义的信息。

• 信息（information）：信息是对数据进行分类、组织和解释的结果，是有意义的数据结构。信息有助于我们理解和处理数据，从中发现模式、关联和趋势。

• 知识（knowledge）：知识是对信息进行分析、推理和总结的结果，是自身拥有的信息和经验的内部化体现。知识是基于信息的，通过对信息进行反思、归纳和推演得出结果，使得我们的行动更加明智。

• 智慧（wisdom）：智慧是基于知识和经验的最高级别的认知能力。它是对具体情况进行综合分析和决策的结果，是将知识和经验应用到实际情境和问题中的结果。

DIKW 金字塔在知识管理、信息科学、计算机科学等领域得到广泛应用，它可以帮助人们理解数据、信息、知识、智慧之间的内在联系，并有助于更有效地管理和利用这些资源。同时，DIKW 金字塔也体现了知识管理的核心目标之一，即将知识转化为组织的智慧和创新力，从而推动组织的可持续发展。

1.1.3 知识工程的历程

（1）起步期（1950 年代～ 1970 年代）

人工智能的发展历程可以分为不同的时期，每个时期都有其代表的工作和方法。早期的人工智能发展追求让机器能够像人一样解决复杂问题，而图灵测试则成为评测智能的标准。

在符号主义阶段，人工智能研究者相信智能代理程序可以通过符号系统表达知识，并通过逻辑和规则推理来解决问题。符号主义认为物理符号系统是智能行为的充要条件，其中最著名的代表就是通用问题求解程序。问题可以利用通用问题求解程序进行形式化表达，搜索算法的使用使得问题在空间中前进，直到找到问题的解答。符号主义阶段的知识表示方法主要有逻辑知识表示、产生式规则、语义网络等，这些方法广泛应用于博弈论和机器定理证明等领域。

在连接主义阶段，研究人员更加关注人脑智能的认知机制和神经系统工作原理，许多研究都以神经网络为基础。连接主义假设大脑中的神经元及其连接机制是一切智能活动的基础。在这一阶段，人工智能的发展迅速，包括了深度神经网络、自然语言处理、计算机视觉等领域的研究。

在人工智能和知识工程的先驱马文·明斯基（Marvin Minsky）、约翰·麦卡锡（John McCarthy）、赫伯特·A·西蒙（Herbert A. Simon）和艾伦·纽厄尔（Allen Newell）等四位学者的杰出贡献之下，符号主义和连接主义在新的时代中融合了起来，在当前的人工智能研究中，深度学习等连接主义模型已经成为许多应用的核心技术，而符号主义的知识表示方法也逐渐得到重视。研究人员还在探索将连接主义和符号主义相结合的新的多模态智能系统。

（2）成长期（1970 年代末期～ 2010 年代）

尽管通用问题求解程序在形式化问题求解方面具有优越性，但是在实际应用中，光靠人类的求解能力是远远不够的。人工智能系统需要借助知识来完成不同的任务，特别是对于专业领域的任务，需要借助相关专业领域的知识。因此，人工智能开始转向基于知识的系统的建立。

基于知识的系统采用知识库作为其基础，这些知识库包括了专业知识以及相关信息。这些系统通过推理机实现了基于知识的推理，从而实现智能化应用。在这个时期，许多成功的限定领域专家系统涌现出来，如 DENRAL 是一个专门用于识别分子结构的专家系统，MYCIN 是一个医疗诊断专家系统，XCON 则是一个用于计算机故障诊断的专家系统。

在这个阶段中逐步完善了知识工程体系，知识的表示方法不断出现了新的研究进展。此外，20 世纪 90 年代，图灵奖获得者爱德华·费根鲍姆教授在 20 世纪 70 年代提出了知识工程的定义，知识工程在人工智能中的核心地位得以确立。知识工程是一种利用人类知识和经验来建立和应用知识库的方法。知识工程师将专家知识转化为特定的格式，使得计算机能够理解和应用这些知识。

20 世纪 80 年代后期，许多专家系统开发平台的出现，助力开发人员将专家的领域知识向计算机可处理的知识方向转变。这些平台提供模块化的解决方案，包括知识表示、知识获取、推理引擎等，使得专家系统的开发变得更加容易和高效。知识工程和专家系统的发展，为许多应用领域提供了基于知识的智能化解决方案，使得人工智能技术在实践中得到了广泛的应用。

1990 年代到 2000 年代，人工智能研究重点转向了知识表征和知识管理。为了让计算机能够理解和应用自然语言，人们开始构建大规模的知识库，并采用一些新的技术来对知识进行表示和管理。

其中最著名的知识库之一是英文 WordNet，它是一个用于自然语言处理的语义词典，包括了数万个词的定义、同义词、反义词等信息。Cyc 是另外一个广泛应用的常识知识库，采用一阶谓词逻辑知识表示，涵盖了丰富的领域知识和常识知识。Hownet 则是中文知识库，用于汉语语义网络信息的描述和表示。

Web1.0 万维网让使用者共享信息成为了可能。利用 W3C 则为互联网环境下大规模知识表示和共享奠定了基础，为知识共享和智能系统的发展提供了重要支持。Web1.0 万维网的出现，改变了知识的传播与共享方式，使得知识从封闭走向开放，从集中改

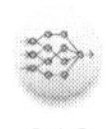

变为分布。

同时，本体的知识表示方法也成为这一时期的重要研究方向。本体指的是对于一定领域的概念和概念之间的关系进行定义和描述，形成一个结构化的知识表示。通过本体建立的概念体系，可以将概念之间的关系、性质和约束等细节信息形式化地表达出来，从而方便计算机进行推理和应用。本体在语义网、智能信息系统、智能搜索等领域都有着广泛的应用。

专家系统以前是由人工智能专家团队内部定义的知识，但是随着互联网的发展，人们可以将知识通过互联网连接到一起，并借助于数据挖掘、机器学习等技术源源不断地产生新的知识，使得知识得到快速增长和普及，比如，维基百科是由大众协同编辑建立知识的一个典型案例，它引领了“众包（crowdsourcing）”这一概念的发展，并成为今天大规模结构化知识图谱的重要基础。

同时，在互联网快速发展的背景下，人们追求获取和共享大量知识的需求不断增强。万维网发明人、2016 年图灵奖获得者蒂姆・伯纳斯・李（Tim Berners-Lee）在 2001 年提出了语义 Web，使得互联网内容可以进行结构化语义表示，以便机器能够理解和使用这些信息。这是一个旨在实现语义网的多年计划，它将互联网上的资源、数据和元数据组织在一起，让其之间的关系可以被计算机程序理解和处理。

语义标识语言 RDF（资源描述框架）和 OWL（万维网本体表述语言）等技术的提出，大大提升了互联网内的信息交流、协作和应用水平，也为人们更好地利用互联网上的知识资源提供了更好的帮助。

（3）快速发展期（2010 年代至今）

进入到 21 世纪，人工智能在大数据和算力的双重加持下突飞猛进。大数据为人工智能提供了更丰富、更多样的数据，使得人工智能能够更有效地从数据中提取有关模式和规律。而算力则为人工智能算法提供了更强大、更高效的计算资源，使得人工智能能够更快地训练和优化模型，实现准确的预测和决策。

2012 年，谷歌正式提出了知识图谱的概念，开启了现代知识图谱的序章。在人工智能蓬勃发展的背景下，知识图谱中所包含的知识抽取、知识表示、知识融合、知识推理、知识问答等问题得到了不断的发展，这使得知识图谱成为人工智能研究领域的一个新热点，得到了学界和业界的高度关注。

在当前的知识图谱领域中，典型的应用包括语义搜索、问答系统与聊天、大数据语义分析以及智能知识服务等。其中，语义搜索是指用户通过输入与搜索查询相关的自然语言问题，来获取搜索结果的过程。这些问题可以通过使用自然语言处理技术转化为基于知识图谱的复杂查询，从而准确地为用户提供精准的搜索结果。问答系统与聊天则是利用自然语言处理和知识图谱技术，使得机器能够理解用户提出的问题，并通过查询知识图谱回答用户的问题，同时还可以进行对话和交流。大数据语义分析则是基于知识图谱的数据集成和分析，从而发现其中的相关性、趋势和洞见，为企业战略制定、精准营销、风险管理等提供支持。智能知识服务方面，知识图谱可为客户提供更加个性化和高质量的知识服务，并通过在线服务解决方案等方式与客户进行互动。

通用的大规模知识图谱的出现，为各行业建立行业和领域的知识图谱提供了便利。例如，金融行业涵盖了复杂的金融产品和服务，需要深入了解客户需求、风险和投资策略，因此金融知识图谱可以提供银行、保险公司和投资经理所需的精准信息，从而加强金融行业的风险管理和模型建模等方面。医疗领域也涉及大量的知识和信息，医疗知识图谱可以帮助医疗专业人士快速了解疾病、治疗方法等内容，也为药物研发、临床试验和个性化医疗

等领域提供支持。

智能客服、商业智能等场景中的知识图谱展现出了其广泛的使用价值，并在这些领域中发挥了重要的作用。与传统搜索相比，基于知识图谱的搜索不仅能够更加准确地识别和回答用户的问题，也能够更加准确地展示相关信息和内容。当然，知识图谱的创新应用还有很多待开发和探索的领域。例如，在智能家居和智能交通等领域，知识图谱也可以为智能化应用提供强有力的支持，提高效率和便利性。随着技术不断发展和创新，知识图谱将在更多领域中发挥重要作用，成为智能化应用发展的核心组成部分。

1.2 知识表示与推理

1.2.1 知识表示

知识是认知科学和人工智能两个领域共同存在的问题。在认知科学里，它关系到人类如何储存和处理资料；在人工智能里，其主要目标为储存知识，让程序能够处理，达到人类的智慧。

遗憾的是，计算机不能像人类一样能够构建对世界的认知，需要人们把知识“灌输”给它，这就涉及知识表示（knowledge representation）。知识表示是通过一组规则、符号、形式语言或网络把知识编码成一组计算机能够识别的数据结构，从而实现各种人工智能应用。知识表示的目标是提供一种便于计算机操作和利用的抽象形式，用于描述事物之间的各种关系、属性和行为。

马文·明斯基（Marvin Lee Minsky）指出：为了能够真正解决难题，我们需要使用多种不同的知识表示方式，因为每一种特定的数据结构都有其优点和缺点，没有一种方式能够足以说明事物所有的特征。一些常见的知识表示形式包括产生式表示法、框架表示法、状态空间表示法以及语义表示法等。

① 产生式表示法也称产生式规则（production rule），是由美国数学家埃米尔·利昂·波斯特（Emil Leon Post）于1943年提出的。产生式表示法是人工智能领域使用最多的知识表示法之一。它有利于表达专家领域的启发式知识和经验，动物专家系统中的知识表示方式，就是利用这种方式表示的。例如：

IF P THEN Q

其中，P是产生式的前提条件；Q是产生式的结论或者应该执行的操作。

例如：

IF 某动物吃肉 THEN 它是食肉动物

IF 发现可疑人物 THEN 立刻打电话报警

有些情况下，P和Q也可以由逻辑运算符“且（AND）”，“或（OR）”和“非（NOT）”组成的表达式构成，例如：

IF 某动物能飞 AND 能下蛋 THEN 它是鸟

在进行表述时也可以添加可信度，如

IF 食肉动物 AND 黄褐色 THEN 它是金钱豹（0.5）

上面这句话表示这些条件都满足时，结论“它是金钱豹”可以相信的程度为0.5。这里的0.5就代表知识的强度。

② 框架表示法中所提及的框架（frame）是一种人工智能数据结构，用于通过表示“刻板印象的情况”将知识划分为子结构。框架理论是马文·明斯基在1974年他的文章《表示知识的框架》（*A Framework for Representing Knowledge*）中提出的。

人们对事物的认识是以一种类似于框架的结构存储在记忆当中，这也是框架理论的来源。当看到一个新事物时，人们就

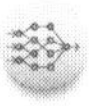

会从记忆中寻找一个新的框架对新事物加以修改、补充。例如，当一个人准备去另一个学校听课时，就会根据之前的印象，想到这个学校的校门、围墙、教学楼、办公楼、食堂、操场等。这种框架表示，会让人们很方便地描述人脑中关于事物的抽象模式。

显然，框架表示法是一种结构化的知识表示法。一个框架由一些槽（slot）组成，每个空位下又有若干侧面（facet）。框架的一般形式如图 1-2 所示。

<框架名>			
<槽名$_1$>	<侧面名$_{11}$>	值$_{11}$	……
	<侧面名$_{12}$>	值$_{12}$	……
	……	……	
<槽名$_2$>	<侧面名$_{21}$>	值$_{21}$	……
	<侧面名$_{22}$>	值$_{22}$	……
	……	……	
<槽名$_n$>	<侧面名$_{n1}$>	值$_{n1}$	……
	<侧面名$_{n2}$>	值$_{n2}$	……

图 1-2　框架的一般形式

框架表示法和产生式规则均可以表示出因果关系。然而，框架表示法更适合结构性知识的表达，可以很好地将知识结构和知识联系表示出来，相比而言，产生式规则就缺乏这样的优势。另外，框架表示法还可以通过位置值为另一个框架的名称实现不同框架间的联系，建立更为复杂的框架网络。

③ 状态空间表示法中的状态空间（state space）是指所有可能状态的集合。形式上，状态空间可以定义为四元组（N, A, S, G），其中：N 是一组状态组成的集合；A 是一组操作算子的集合，操作算子让一种状态转化为另一种状态；S 是 N 的非空子集，包含初始状态；G 是 N 的非空子集，包含目标状态。

从 S 到 G 节点的路径称为求解路径（solution path），比如通过一系列操作算子，让状态空间从 S 转换为 G，称这组序列操作算子为状态空间的一个解，例如：

$$S \xrightarrow{A_1} N_1 \xrightarrow{A_2} N_2 \xrightarrow{A_3} \cdots \xrightarrow{A_k} G$$

那么，$A_1,\cdots, A_k$ 为状态空间的一个解。绝大部分情况下，解不是唯一的。

下面以一个经典的八数码问题（8-puzzle problem）加深对状态空间的理解。八数码问题是由 8 块编号从 1 到 8 的可移动的薄片组成，它们被放置在一个 3 × 3 的方格盘上。这个方格盘有一个单元格总是空的。八数码问题是要找到如何把初始状态变成目标状态的解，如图 1-3 所示。

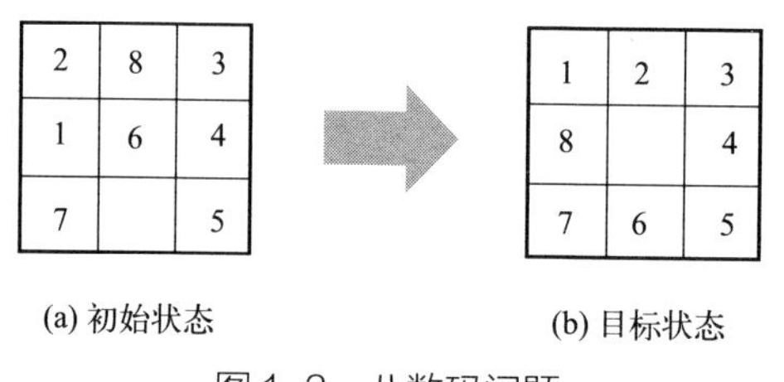

图 1-3　八数码问题

图 1-3 中的（a）表示问题的初始状态，需要将这个初始状态转变成如图 1-3（b）所示的目标状态。解决这个问题的方法是一系列适当的移动，如向下移动 6，再向下移动 8 等。根据上面的描述，解决问题的解有很多，如何利用人工智能算法找到一个优质的解，是后文要细谈的内容。在这里仅用八数码问题加深对状态空间的理解。8 个数的任何一种摆放方法就是一种状态，因此所有的摆放方法构成了状态空间 N，状态数为 9!（362880）。

④ 语义表示法，即语义网络（semantic network）是知识表示中最重要的表示方法之一，它被广泛应用于自然语言处理、信息检索、图像识别等领域。语义网络是一种用于表示和组织知识的

图形结构，通过概念和它们之间的关系来构建图形，以便计算机能够更好地理解和利用这些知识。语义网络的表达能力极强，利用它可以表达丰富的语义信息。它可以表示各种复杂的关系，如无向关系、有向关系、层次关系等，可实现从概念到实例的全覆盖。通过语义网络，可以表达概念、实体、属性和关系等各种知识，而且非常灵活，支持动态添加节点和边。

语义网络由最基本的语义单元构成，即节点、弧、节点三个元素组成，节点表示实体或概念，弧表示节点之间的关系，节点和弧必须有标注，如图 1-4 所示。例如，如果一个节点表示“苹果”，另一个节点表示“水果”，则通过一条指向“水果”的弧将这两个节点连接起来。在语义网络中，每个节点和弧都应该被标记，以便计算机能够理解它们之间的含义。

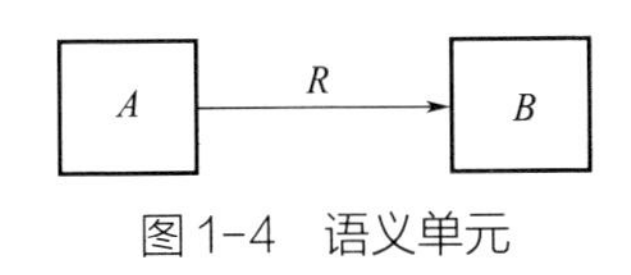

图 1-4　语义单元

多个语义单元在一起构成语义网络。语义网络还可以包含其他类型的节点和弧，以便更好地描述和组织知识。一些常见的节点类型包括“类别节点”“属性节点”和“实例节点”等，如图 1-5 所示。

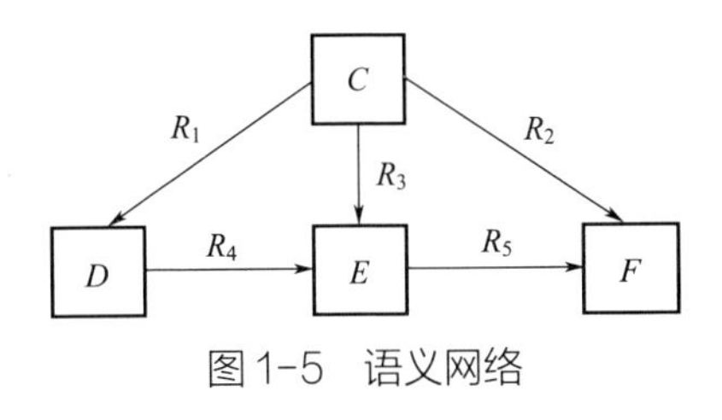

图 1-5　语义网络

在语义网络中，基本语义关系指用来描述节点之间基本关系的几种关系类型。基本语义关系为语义网络提供了一种标准的表示方式，使得计算机可以更好地理解和利用这些知识。同时，它们也为人类提供了一种直观的表示方式，使得能够更加容易地理解和组织复杂的知识，常见的关系如下：

- 聚集关系：A-part-of（是一部分）。如清华大学 ×× 实验室是某实验楼的一部分，这就属于聚集关系。
- 属性关系：Have（有）、Can（能）、Owner（所有者）。如清华大学艺术博物馆有很多参观者；小学生能编写程序。这属于属性关系。
- 推论关系：Fetch（推出）。如水木清华的风景赛江南。推出这里的风景很美，属于推论关系。
- 相近关系：Similar-to（相似）、Near-to（接近）。如清华大学在北京大学附近，属于相近关系。
- 方位关系：Located-at（位于）。清华大学位于北京市海淀区，属于方位关系。
- 时间关系：Before（在前）、After（在后）。清华大学艺术博物馆早上 9 点开馆后才能参观，开馆和参观属于事件的时间关系。

1.2.2 推理

逻辑与推理是人工智能领域中的核心问题之一。推理是指基于已知事实和规则，推导出新的结论或发现新的信息。逻辑是从中抽象出来的推理的基础，它包含了一系列运用形式化语言和符号的方法，用于描述事实、规则和结论之间的关系。逻辑推理可以分为归纳推理和演绎推理两种类型。归纳推理是从具体的实例中归纳出一般性规律，而演绎推理是基于已有的规律和事实，得出新的结论。在人工智能领域中，推理和逻辑是构建智能系统的重要基础。

人类思维活动中，设定逻辑规则进行分析是其重要功能之一。

逻辑学可以追溯到古希腊时期，公元前 4 世纪，亚里士多德被视为逻辑学之父，其提出的逻辑规则和演绎思想成为了后来逻辑学的重要基础。在中国古代，春秋末战国初墨子提出名、辞、说三种基本思维形式和由故、理、类三物构成的逻辑推理，其对后来中国哲学和逻辑学的发展产生了深远影响。

19 世纪乔治·布尔提出了数理逻辑理论，为人工智能领域中后来的符号主义和计算机科学的发展奠定了基础。符号主义是人工智能领域中的主流学派之一，它认为所有概念都可以通过人类可以理解的符号及符号之间的关系进行表示，从而进行推理。符号主义在自动推理和机器学习方面的突破成为实现人工智能的重要一步。

布尔提出布尔代数的概念，将数学和逻辑学这两个领域打通并结合在一起。这一思想为数理逻辑领域的创建带来了重大影响，从而引发了一系列新的探索和突破。其中一个最重要的探索是通用计算的概念。通用计算认为所有的数学和逻辑问题都可以通过计算机解决。这一理论的诞生极大地推动了计算机科学的发展，并成为了现代计算机操作和程序设计的基础之一。

逻辑与推理是人工智能领域中的核心问题之一，是智能系统实现的基础之一。历史上的逻辑学家和思想家的理论和发现奠定了逻辑推理的基础，为后来符号主义和计算机科学的发展提供了重要的参考。

日常使用的自然语言在数理逻辑中表达概念时，由于其表述往往不够准确且存在歧义，因此需要利用形式化的数学符号才能进行精确表达。命题逻辑便是数理逻辑的基础，是一种数学符号的语言，用来研究命题和命题之间的逻辑关系。

命题是一个能够被判定为真或假的陈述句。在命题逻辑中，命题总是具有一个明确的真值，即真（t）或假（f），且不会存在其他情况。

例如，命题“猫有四条腿”可以确定为真，而“猫是一种哺乳动物”也可以确定为真，但“什么是猫？”并不是一个命题，因为其没有确定的真值。

命题逻辑利用符号表示命题，并通过逻辑连接诸如非、与、或等构建更复杂的命题。通过这种方式，可以精确地描述一个复杂的陈述句，便于进行推理和分析。除了命题逻辑，数理逻辑还包括谓词逻辑和模态逻辑等分支，用于研究更复杂的逻辑结构和推理规则。

命题可以分为原子命题和复合命题。原子命题是最基本的命题，指的是没有其他命题作为组成部分的简单命题，它是命题逻辑的基本单位，例如“今天是星期一”或“小明很高兴”。复合命题则是由原子命题、连接词及标点构成的命题，可以通过连接词的不同组合形成多种复杂的表述。连接词是在命题逻辑中用于连接两个或更多命题的词或符号。常见的逻辑连接词包括否定、合取与析取等。

命题逻辑是一种形式化的推理系统，它只关注命题之间的逻辑关系，而忽略了命题内部的语义细节。它只能够描述原子命题之间的连接方式，而无法对复合命题的内部结构进行分析。因此，在命题中包含的丰富语义，如上下文信息、隐含信息、语义的多义性等，都无法在命题逻辑中得到体现。

由于命题逻辑的局限性，它也无法表达局部与整体、一般与个体之间的区别。例如，在一个复杂的命题中，不同的局部可能具有不同的意义，而它们之间的关系又是整个命题意义的一部分。同时，在命题逻辑中，无法对不同个体之间的差异进行描述，因为它只关注命题之间的逻辑关系，而不关注命题所涉及的个体特征。

因此，为了能够更好地描述自然语言中的语义，人们提出了一系列更为复杂的逻辑系统，如一阶逻辑、高阶逻辑、模态逻辑等。这些逻辑系统能够更好地刻画命题中的丰富语义，同时也能够表达局部与整体、一般与个体之间的区别，因而在自然语言处理等领域得到广泛应用。

谓词逻辑是一种更为强大和灵活的逻辑表示方法，它允许我们更好地表达关于个体和对象之间的复杂关系。在谓词逻辑中，命题被视为关于变量的函数，其中变量可以是个体，谓词表示关系，而量词则表示分布的范围。

历史上著名的苏格拉底三段论[1]如下：

- 所有人（M）都是必死的（D）。（大前提）
- 苏格拉底（S）是人（M）。（小前提）
- 苏格拉底是必死的。（结论）

上面的苏格拉底三段论无法通过命题逻辑进行推理，因为命题中包括了个体（苏格拉底）、群体（所有人）以及关系（都是要死的）等丰富的语义，命题逻辑无法表现丰富语义。

引入更强大的逻辑表示方法，即分离主语（个体或群体）和谓语（关系）的谓词逻辑，则可以解决推理问题。

一阶谓词逻辑是最基本的谓词逻辑。在一阶谓词逻辑中，谓词只能应用于个体变量，而不能应用于谓词变量。一阶谓词逻辑中的量词只能量化个体变量。

---

[1] 三段论是一种很常见的推理方式，在传统逻辑中被广泛使用。它的基本结构包含大前提、小前提和结论三个部分，其中大前提是一个一般性的命题，小前提是一个特殊陈述，而结论则是由前两个命题演绎得出的必然结论。三段论的规则非常简单，即如果两个前提都成立，则结论必然成立。三段论在亚里士多德的《前分析篇》中被详细讨论过。但随着逻辑学的不断发展，人们也不断探索新的逻辑形式，例如模态逻辑、谓词逻辑等。这些新的逻辑系统也在很大程度上扩展了三段论的应用范围，使得它们能够更好地描述自然语言中的复杂推理。

一阶谓词逻辑允许我们用更为精确的方式描述复杂的关系和规则，如下例所示：

- 所有的鸟类都有翅膀：$\forall X(bird(X) \rightarrow has(X, wings))$。
- 有的乌鸦是很聪明的：$\exists X(crow(X) \rightarrow clever(X))$。

1.3 专家系统与知识图谱

1.3.1 专家系统

人工智能最大的挑战是让计算机像人类一样“思考”，特别是使这些机器能够像人类一样做出重要决策。

随着人工智能技术的发展，人们发现仅仅通过推理本身不足以衡量智能的行为，而是需要具备丰富的知识来推理。而且，解决某问题时还需要将知识集中在与该问题相关的知识范围。这使得人工智能研究人员将人类专家的知识作为他们解决问题的知识来源。

人类专家掌握的专业知识是一种宝贵的资源。专家通过多年的经验积累来掌握知识，这种专业知识的传承非常重要，可以通过培训将知识传递给其他人，当然也可以开发专家系统来完成这项任务。

专家系统是一种计算机程序，旨在模仿人类专家决策能力去解决问题。专家系统旨在通过推理具体知识表示，主要是用 if-then 规则，而不是传统的过程式代码来解决复杂的问题。

专家系统最早是由斯坦福启发式编程项目之父爱德华·费根鲍姆提出并推广的，他也因此被誉为“专家系统之父”。爱德华·费根鲍姆曾说：“智能系统的力量来自于它们所拥有的知识，而不是它们使用的特定形式和推理方案。”

专家系统模拟了人类专家的以下特征：知识、推理、结论和解释。专家系统通过模拟人类专家的知识内容和结构来建模人类专家的知识。专家系统使用程序和控制结构来处理知识，以类似于专家的方式进行推理。

专家系统还提供与人类专家类似的解释。系统可以解释“为什么”会问各种问题，以及“如何”得出某个结论。专家系统的一个主要吸引力在于它们使计算机能够在许多领域协助人类分析和解决复杂问题。它们将计算机的应用延伸到传统上被指定给计算机的数学处理以外的应用程序，使计算机能够与用户进行某种自然的对话，以得出协助人类决策者的结论或建议。这是通过在专家系统中编码人类专家的知识和解决问题技能来实现的。然后，其他人可以使用这个专家计算机程序来获取和使用这种专业知识，以解决以前需要专家在场解决的问题。

通常使用专家系统的一般原因包括替代人类专家、协助人类专家和向新手传授知识。专家系统可以通过捕获和存储人类专家的知识来取代人类专家。当人类专家不可用时，专家系统可以提供协助。此外，专家系统可以向新手传授知识，缩短他们适应的时间。

历史上第一个专家系统是 1965 年由美国斯坦福大学的爱德华·费根鲍姆和约书亚·莱德博格（Joshua Lederberg）开发的 Dendral 系统。该系统是为了帮助化学家解决分子结构的问题而设计的。Dendral 系统利用人类专家的知识和经验，将其编码成规则和推理机制，从而使计算机能够模拟人类专家的决策过程。这使得 Dendral 系统在化学分析方面取得了很大的成功，并被广泛应用于化学、生物学等领域。

MYCIN 是一个早期的反向链接专家系统，旨在识别导致严重感染的细菌，并推荐治疗方案。它使用人工智能技术进行推理和诊断。MYCIN 最初是在 20 世纪 70 年代初经过 5 ~ 6 年的时间在斯坦福大学开发的，它的名称源于许多抗生素名称的后缀“-mycin”。MYCIN 在医疗领域的应用被认为是开创性的，其最大的影响之一是展示了表达和推理方法的强大之处，在当时引发了很大的轰动。MYCIN 的成功为后来的专家系统提供了重要的经验，并成为知识工程领域的重要里程碑之一，也出版了相应的书籍。许多非医学领域的基于规则的系统也得到了发展，在 20 世纪 80 年代，各种应用领域都开始开发专家系统。图 1-6 是 20 世纪 80 年代出版的基于规则的专家系统的图书。

图 1-6　基于规则的专家系统的图书[1]

此后，专家系统得到了快速发展，它是人工智能应用中最早取得成功的一种形式。专家系统在 20 世纪 90 年代前已经在科学、

[1] Buchanan B G, Shortliffe E H. Rule- Based Expert Systems: the MYCIN Experiments of the Stanford Heuristic Programming Project. Boston: Addison-Wesley, 1984.

工程、商业和医疗等各个领域广泛应用，并在提高运营质量、效率和竞争优势方面发挥着越来越重要的作用。

在农业领域，专家系统已被应用于农作物管理、昆虫控制和提高特定农作物产量等方面。帮助农民和农业研究服务部门的工作人员提供专业知识，供他们做出决策。在化学领域，大部分专家系统都是在实验室环境中应用，协助实验人员针对实验进行规划和监控，并解释测试数据。在计算机科学领域，专家系统的应用涉及设计或诊断各种计算机系统。在工程领域，专家系统已被广泛应用于各种应用场景，如设计、诊断和控制，从而协助工程师或替代控制过程的人类操作员。在地质学领域，专家系统的主要应用是勘探，专家系统可以解释勘测数据，或在没有专家时代替其工作。在医学领域，专家系统可以帮助医生诊断患者的病情，或帮助解释医学测试结果。在太空技术领域，专家系统的最新应用之一是在航天技术领域提供针对专业问题的诊断系统。

专家系统之所以得到广泛应用，具有如下优势。首先是可解释性，专家系统始终描述问题的解决方式。其次，利用专家系统使得用户对专业知识付出的成本大大降低，能够帮助公司降低错误率，减少资源浪费和损失。再次，使用专家系统可以帮助提高生产效率和质量。另外，专家系统可以保证决策的稳定性和一致性，不受个人偏见和经验的影响。最后，专家系统可以根据需要随时添加新的规则和知识，从而保证系统的可扩展性。

然而专家系统也有诸多劣势：专家系统最常见的不足之一就是知识获取问题。对于任何应用程序来说，获取领域专家的知识总是很困难的，对于专家系统来说尤其困难，因为按照定义专家是高价值的，并受组织的限制，不能随时随地满足需求。

专家系统面临的另一个主要挑战是知识库规模增加时所带来的问题，这会导致复杂性增加，将面临过多的计算问题。因此，推理引擎需要处理大量的规则以做出决策。如果规则太多，验证决策规则是否相互一致也是一个挑战。

此外，还有关于如何确定规则使用的优先顺序，以便更有效地运作，或者如何解决不明确性等的问题。因此，为应对这些挑战，需要使用新的人工智能方法，而不仅仅是基于规则的技术。专家系统是基于特定领域专家的知识和经验构建的，其知识体系是封闭的，系统在没有专家提供知识和概念之前不会有深刻的概念认知，也不会了解它们之间的相互关系。这意味着，专家系统对特定领域的知识具有高度的专业性和局限性，而对于跨领域的知识，需要不同领域的专家提供知识和经验。

1.3.2 知识图谱

在知识表示和推理中，知识图谱是一种使用图形结构数据模型或拓扑来集成数据的知识库。知识图谱通常用于存储实体（对象、事件、情况或抽象概念）的相互关联描述，同时也对使用的术语下的语义进行编码。

自语义网发展以来，知识图谱通常与联机开放数据项目相关联，关注概念和实体之间的连接。它们也与搜索引擎、知识引擎和问答服务以及社交网络密切相关，并得到广泛应用。由于其特殊结构，知识图谱在存储稀疏和异构数据方面具有巨大优势，能够描述知识图谱内实体的语义细节。图 1-7 给出了基于电影构建的知识图谱。

在介绍知识图谱之前，我们先看一下知识图谱最初的形态——知识卡片（knowledge card）。2011 年，谷歌发布了一项知识描述专利，即知识卡片，它们为用户提供正在搜索的主题的总体概述。比如，图 1-8（a）给出了在谷歌搜索“诸葛亮”时返回的知识卡片，通过知识卡片，用户就可以获得诸葛亮的相关信息（出生信息和逝世信息等）以及他与其他实体（黄夫人、诸葛瞻、

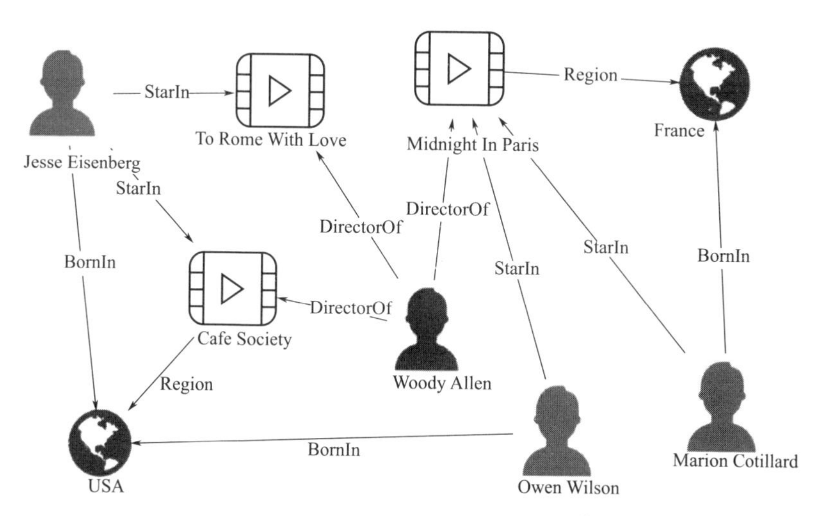

图 1-7　基于电影构建的知识图谱❶

诸葛尚等）的关系。知识卡片还可以展示“用户还搜索了”来展现相关的任务。

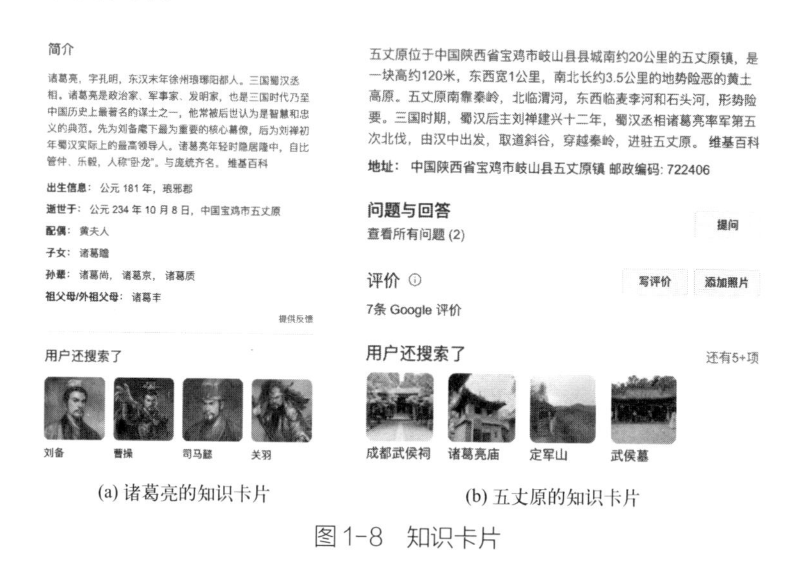

(a) 诸葛亮的知识卡片　　　　(b) 五丈原的知识卡片

图 1-8　知识卡片

❶ Liu T, Shen H, Chang L, et al. Iterative Heterogeneous Graph Learning for Knowledge Graph-based Recommendation. Sci Rep, 2023, 13: 6987.

当用户点击“中国宝鸡市五丈原”时，如图 1-8（b）所示，搜索返回了“五丈原”的知识卡片。搜索卡片可以提供方便的搜索体验，使用户更容易理解和选择正在搜索的内容，同时为搜索引擎提供了更具亲和力的搜索环境。

2012 年，谷歌推出了知识图谱，“现实世界是由关系构成而不是字符串”是知识图谱的理念，即通过理解客观世界中存在的实体、概念和关系，来更好地为用户提供准确的搜索结果。

这是一个以结构化形式描述客观世界中存在的概念、实体以及复杂关系的知识库。知识图谱的目的是帮助搜索引擎对人们的搜索进行更加准确、个性化的回答，提供更具深度的搜索结果。

知识图谱的构建过程是通过收集、整合、编排、验证和发布海量结构化和非结构化的信息来实现的。构建知识图谱最重要的步骤是对实体的分类、实体的属性以及它们之间的复杂关系进行建模和绘制。

有了知识图谱，搜索引擎不再仅仅匹配关键字，而是通过理解关键字背后的语义和上下文，根据用户的意图提供更有针对性的答案。这种改进的搜索技术提高了搜索质量，使得谷歌能够回答更多的问题，而不必显示数页的搜索结果。

现代知识图谱与传统的专家系统相比，最显著的特点是规模巨大，无法依靠单一人工和专家构建，而传统的专家系统只包含较少的信息。Cyc 是一种持续时间最久、影响范围较广、争议也较多的知识库项目，最初由道格拉斯·莱纳特（Douglas Lenat）于 1984 年开始创建。Cyc 知识库主要由术语（terms）和断言（assertions）组成。术语包含概念、关系和实体的定义。断言用来建立术语之间的关系。最新的 Cyc 知识库包含了 50 万条 terms 和 700 万条 assertions。Cyc 使用形式化的知识表示方法刻画知识，因此可以支持复杂的推理。

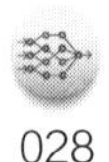

WordNet 是一种著名的词典知识库，主要用于词义消歧，由普林斯顿大学的认知科学实验室从 1985 年开始开发。WordNet 主要定义了名词、动词、形容词和副词之间的语义关系，包括名词之间的上下位关系、动词之间的蕴含关系等，如图 1-9 所示。WordNet3.0 已经包含超过 15 万个词和 20 万个语义关系。

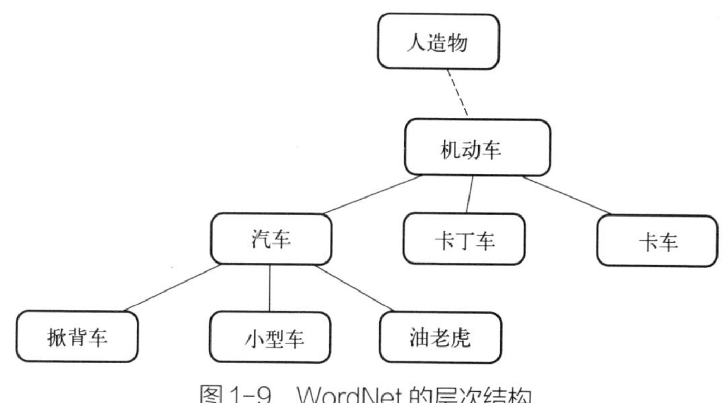

图 1-9　WordNet 的层次结构

ConceptNet 是一种常识知识库，最早源于 MIT 媒体实验室的 Open Mind Common Sense (OMCS) 项目。ConceptNet 主要依靠互联网众包、专家创建和游戏三种方法来构建，以三元组形式的关系型知识构成。ConceptNet 5 版本已经包含 2800 万个 RDF 三元组关系描述。与 Cyc 相比，ConceptNet 采用了非形式化、更加接近自然语言的描述。

与之不同的是，现代知识图谱已经包含超过千亿级别的三元组，如谷歌、百度、阿里巴巴等公司的知识图谱，因此，知识图谱的规模庞大，它是现代数据时代下的一个显著特点。

传统常识知识库通常使用一阶谓词逻辑（first order predicate logic，缩写为 FOPC）等形式化语言表示知识，也扩展了部分二阶谓词逻辑等知识表示能力，其基于逻辑的符号知识表示是基于显性知识表示，能够表达复杂的关系和结构，并具有可解释性，使我们了解知识背后的推理逻辑。

现代知识图谱则主要以事实型知识为主，降低了语义表达的逻辑要求。随着深度神经网络技术的进步，基于向量的知识表示受到越来越多的关注，能够捕捉隐性知识且易于与深度学习模型整合。然而，这种表示方法支持复杂知识结构的能力较弱，可解释性也较差，不能支持复杂推理。目前，基于符号和基于向量的知识图谱表示正在相互融合并共存。

知识图谱作为人工智能领域的重要研究方向，虽然已经取得了一些显著进展，但仍然面临以下主要挑战：

- 知识获取效率低：尽管已有的知识获取技术具有一定成效，当处理爆发式增长的知识时，存在覆盖率低的情形。已有的实体抽取、关系抽取和属性抽取工具在处理大规模知识抽取时，还面临着效率较低的问题。

- 知识融合困难：首先，如何将数据来源繁多及数据形态、质量不一的知识进行融合，同时保证融合后的知识的质量和准确性，是知识融合的一个难点。此外，面对海量数据的融合，知识图谱可能是数量庞大的实体和关系，如何快速高效地融合这些数据，是知识融合的难点之一。其次，如何将新知识与现有的知识进行融合和更新是知识融合的重要挑战。最后是多语言融合，知识图谱的知识涵盖不同的语言和文化，如何将不同语言的知识进行有机融合，也是一个重要挑战。

- 知识推理准确性困境：准确率低、冗余度高以及逻辑性弱是知识推理需要解决的技术难题，此外，基于构建通用知识图谱的方法仅能针对少数领域进行应用，而对于大部分专用领域仍需要构建专用的知识图谱。但是构建专用知识图谱面临的挑战是，不同领域之间的知识结构、语义和格式差异较大，如何有效地进行知识表示和推理，仍需要进一步研究和开发。

• 标准化建设任重道远：标准化是知识图谱技术与应用发展的基础和前提，然而现阶段知识图谱的标准化工作还处于起步阶段。标准化有助于不同的知识图谱之间实现互操作，可以提高知识共享和重用的程度，促进知识图谱技术的通用性。同时，标准化还能确保数据质量和一致性，减少数据集成和应用的难度，帮助降低开发成本，促进技术和应用的快速发展。在推进标准化的过程中，需要加强标准化顶层设计机制，制定全球、开放、共享、协作的标准制度。此外，需要考虑图谱技术和应用现状，把握技术演进趋势和产业发展方向，扎实推进通用领域及垂直领域制图标准体系建设，从而为产业发展提供支撑和保障。

第2章 知识工程的逻辑基础

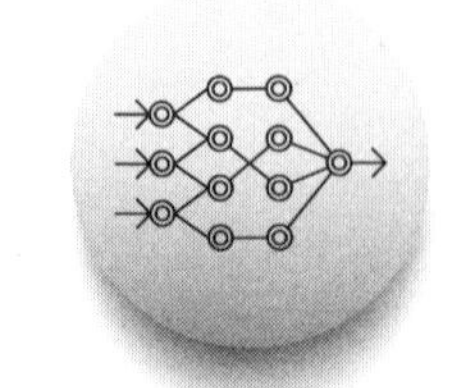

“逻辑”一词大家并不陌生，在生活中，我们希望说的每一句话都是讲“逻辑”的，这样做不会引起不必要的争论和误解，帮助我们进一步清晰地解决和处理各种各样复杂的问题。大家会在中学数学或者信息技术课上第一次见到“逻辑”这个词。那到底什么是“逻辑”呢？在这里先给大家提供一道逻辑推理的数学题目。

已知$\sqrt{a}+\sqrt{b}$为有理数，求证：以下 4 个叙述中至少有一个成立：

① a 为无理数；② b 为无理数；③$\sqrt{a}$为有理数；④$\sqrt{b}$为有理数。

大家可以带着对这个问题的思考，去阅读本章的内容，并逐步体会什么是“逻辑”。

2.1 命题与量词

- “太阳明天会从东方升起”。
- “1+2=5”。
- “人工智能会在 1000 年内超越人类的智慧”。
- “请问明天下雨吗？”

当我们看到“太阳明天会从东方升起”时，会认为这句话是“正确”的；当我们看到“1+2=5”时，会说这个计算是“错误”的，因为 1 加 2 应该等于 3 而不是 5；当我们看到“人工智能会在 1000 年内超越人类的智慧”时，可能会考虑半天，但是不同的人可能给出不同的观点，在是否真的能够实现超越上无法达成共识，故无法判断正确与错误；“请问明天下雨吗？”是一个疑问句，我们不会用“正确”和“错误”来评价这句话，而是更倾向于给这句话一个“回答”，例如“明天会下雨”。

我们在进行逻辑推理时，喜欢使用的句式一般是“因为 ×× 正确，所以 ×× 正确”“因为 ×× 错误，所以 ×× 错误”，或者“由 ×× 正确能够推出 ×× 正确”“由 ×× 错误能够推出 ×× 错误”……我们可以发现“正确”与“错误”是逻辑推理中最基础的两个结果，只有每一句话能够判定“正确”与“错误”时，才能将逻辑推理进行下去。这里就自然引出了逻辑推理中研究的对象——命题。

命题是指能够判定“正确”与“错误”的陈述句。在上面四个例子中，“太阳明天会从东方升起”和“1+2=5”是命题，而“人工智能会在 1000 年内超越人类的智慧”和“请问明天下雨吗？”不是命题。命题在数学和计算机中一般用小写的英文字母 p,q,r 表示，例如：

- p：太阳明天会从东方升起，
- q：$1+2=5$。

如果一个命题是正确的，我们就称这个命题为真命题，例如上述命题 p，如果一个命题是错误的，我们就称这个命题为假命题，例如上述命题 q。为了书写方便，真命题一般用“T”表示，假命题一般用“F”表示。在计算机中为了运算方便，一般也用二进制数值“1”来表示真命题，用“0”来表示假命题，并用等号来表示取值，例如“p=1”“q=0”。此时，命题就可以跟代数一样进行运算，这就是鼎鼎大名的布尔代数的命题表示方法。在本章中，将使用布尔代数的表示方法，用取值“1”和“0”来分别表示真、假命题。

然而，现实中的大部分陈述句都不是这么绝对的，不能够直接判断正误，而是依赖于某个或者某些变量。例如下面这个不等式：

$$2x > 5$$

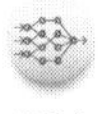

对于这个关于 x 的不等式，不能直接判断其正确还是错误，因为左边的值是否大于右边取决于变量 x 的取值。为了表示方便，一般用小写字母表示一个关于某个变量 x 的陈述句，并在括号内注上变量 x。例如：

$$P(x):2x > 5$$

在没有给定变量 x 的具体取值之前，无法判断关于变量的陈述句 $p(x)$ 是否正确，但是一旦给了 x 的具体取值，就可以判断出 $p(x)$ 是否正确。例如当 x=3 时，2x=6，因为 6 ＞ 5，所以陈述句 $p(x)$ 正确；当 x=1 时，2x=2，因为 2 ＜ 5，所以陈述句 $p(x)$ 错误。在逻辑推理中，我们比较关心的是对于变量 x 的所有取值，$p(x)$ 都正确，还是只有一部分 x 的取值使得 $p(x)$ 正确。这就需要引入量词的概念。

对于陈述句 $p(x)$，如果表达的是对于变量 x 的所有取值或者无论 x 取什么值，均有 $p(x)$ 成立，则需要引入全称量词，记作∀，并用全称量词将命题表达为：

$$\forall x \in M, p(x)$$

其中，M 是 x 的所有取值构成的集合，例如在上例中，M 为实数集合。

对于陈述句 $p(x)$，如果表达的是可以想办法找到至少一个 x 的值，使得 $p(x)$ 成立，则需要引入存在量词，记作∃，并用存在量词将命题表达为：

$$\exists x \in M, p(x)$$

全称量词命题在各个版本的中学数学教材中，都作为重点内容出现。在借助全称量词和存在量词的情况下，我们可以将相当一部分陈述句写成可以判断正误的命题。

2.2 逻辑联结词

在生活中，我们经常会使用“与”“或”“非”这样的逻辑用语，将简单的句子连接成复杂的句子。例如，“小明身高 175cm，体重 70kg，并且成绩优异”“1 ≤ 2 表示 1 < 2 或者 1 = 2”“太阳不是（非）从西方升起”。也就是说，我们可以使用“与”“或”“非”这样的词，将一些简单的命题或者陈述联结成复杂的命题或者陈述，故“与”“或”“非”这样的词也被称作是逻辑联结词。

2.2.1 “与”“或”“非”运算

（1）“与”运算

对于两个命题 p 和 q，只有当 p 和 q 都为真命题时，“p 与 q”才为真，换句话说，只要 p 和 q 有一个是假的，那“p 与 q”就为假。例如 p : 1=2，q : 1 < 2，因为 p : 1=2 为假，所以“p 与 q”为假。“与”可以看作是命题之间的一种运算，其数学表达符号是“∧”或者“&”，在 Python 编程语言中，一般使用“and”表示“与”运算。在本章中，我们将用“∧”来表示“与”运算。人们一般会习惯使用真值表来直观呈现逻辑运算的结果，“与”运算的真值表如表 2-1 所示。

表 2-1 “与”运算真值表

p	q	$p \wedge q$
1	1	1
1	0	0
0	1	0
0	0	0

细心的同学可以发现，如果不是将“1”和“0”理解为“真”和“假”，而是直接理解为数字，那么“与”运算的运算结果跟二进制数的乘法运算的运算结果有相似之处。

同时，我们注意到，一个必然为真的命题不会对“与”运算的结果造成影响，即 $1 \wedge p=p$；同时，一个必然为假的命题会让“与”运算的结果一定为假，即 $0 \wedge p=0$。

（2）“或”运算

对于两个命题 p 和 q，当 p 和 q 中有至少一个命题为真命题时，“p 或 q”就为真，否则为假。其数学表达符号为“∨”或者“｜”。在 Python 编程语言中，一般使用“or”表示“或”运算。在本章中，我们将用“∨”来表示“或”运算。同样的，“或”运算的真值表如表 2-2 所示。

表 2-2 “或”运算真值表

p	q	$p \vee q$
1	1	1
1	0	1
0	1	1
0	0	0

同时，我们注意到一个必然为假的命题不会对“或”运算的结果造成影响，即 $0 \vee p=p$；同时，一个必然为真的命题会让“或”运算的结果一定为真，即 $1 \vee p=1$。

（3）“非”运算

对于一个命题 p，如果我们想否定它或者表示它的对立面，就需要使用“非”运算。当 p 为真时，非 p 为假；当 p 为假时，非 p 为真。“非”运算的数学表达符号为“$\neg p$”或者“$\bar{p}$”，在 Python 编程语言中，一般使用“not”表示“非”运算。在本章中，我们将用“¬”来表示“非”运算。“非”运算的真值表如表 2-3 所示。

表 2-3 “非”运算真值表

p	$\neg p$
1	0
0	1

需要特殊说明，“非”运算的优先级是高于“与”运算和“或”运算的，即 $\neg p\vee q$ 这个表达式中，先进行的“非 p”运算，然后再进行“或”运算。

含有量词的命题的否定在现实中也非常常见，在这里单独列举出来，感兴趣的同学可以自己回忆一下高中数学知识：

- 全称量词命题p:$\forall x\in M, p(x)$，其否定为$\neg p$:$\exists x\in M, p(x)$不成立。
- 存在量词命题q:$\exists x\in M, q(x)$，其否定为$\neg q$:$\forall x\in M, q(x)$不成立。

2.2.2 逻辑联结词的复合运算

“与”“或”“非”三个常用的逻辑联结词可以将简单的命题进行组合，形成复杂的复合命题。有时候出于方便理解的需要，我们需要将复杂语句中的“与”“或”“非”的联结方式和顺序进行重新组合和调整。这里就需要提到“与”“或”“非”运算的运算律，这是调整逻辑用语的依据。我们不加证明地将运算律列举如下。

①“与”“或”运算的交换律：

$$p\wedge q=q\wedge p$$
$$p\vee q=q\vee p$$

交换律说明两个命题进行“与”“或”运算时，先判断哪个命题不会对结果产生影响。

②“与”“或”运算的结合律：

$$(p\wedge q)\wedge r=p\wedge(q\wedge r)$$
$$(p\vee q)\vee r=p\vee(q\vee r)$$

结合律说明当多个命题使用相同的“与”“或”运算时，先将哪两个命题进行复合不会对结果造成影响。

③“与”“或”混合运算的分配律：

$$(p\vee q)\wedge r=(p\wedge r)\vee(q\wedge r)$$
$$(p\wedge q)\vee r=(p\vee r)\wedge(q\vee r)$$

分配律可以将多个命题进行适当组合和拆解，让复合运算的最外层只留“与”运算或者“或”运算，根据具体需要方便我们进行运算或者判断。

④“与”“或”“非”混合运算的德摩根律：

$$\neg(p\wedge q)=\neg p\vee\neg q$$
$$\neg(p\vee q)=\neg p\wedge\neg q$$

德摩根律可以将“非”运算放到复合命题里面或者外面去，方便将复合命题的否定拆解成更容易判断的简单命题的否定。

以上逻辑联结词的运算律可以帮助我们识别、看清和灵活转化比较复杂的复合命题的实际结构，将复合命题拆解成用“与”“或”“非”联结的简单命题。我们可以使用真值表的方式来验证以上运算律是否正确，以德摩根律 $\neg(p\wedge q)=\neg p\vee\neg q$ 为例，表 2-4 给出了 $\neg(p\wedge q)$ 和 $\neg p\vee\neg q$ 的真值情况，通过观察可以发现 $\neg(p\wedge q)=\neg p\vee\neg q$。

表 2-4　$\neg(p\wedge q)$ 和 $\neg p\vee\neg q$ 真值表

p	q	$p\wedge q$	$\neg(p\wedge q)$	$\neg p$	$\neg q$	$\neg p\vee\neg q$
0	0	0	1	1	1	1
1	0	0	1	0	1	1
0	1	0	1	1	0	1
1	1	1	0	0	0	0

对于其他几个运算律，感兴趣的同学可以仿照表 2-4 真值表的列举方法进行验证。

下面将通过几个例子给大家展示一下，我们使用逻辑联结词处理逻辑推理问题的方便之处。

【例 1】现在有两个命题 p_1 和 p_2，小明说：p_1 和 p_2 中有且只有一个为真命题，小亮想要反驳小明说的话，请问在小亮的观点里，p_1 和 p_2 的真假情况是怎样的？

分析：这种场景在现实生活中非常常见，即如何反驳一个带有逻辑联结词的复杂语句。在逻辑联结词的帮助之下，先将小明的话翻译成如下形式：

$$(p_1 \wedge \neg p_2) \vee (\neg p_1 \wedge p_2)$$

为了反驳小明的话，只需要将上式取“非”运算：

$$\neg[(p_1 \wedge \neg p_2) \vee (\neg p_1 \wedge p_2)]$$

使用运算律进行问题转化，目的是最终让最外层只保留“或”运算，便可以得到如下推导过程：

原式为 $\neg[(p_1 \wedge \neg p_2) \vee (\neg p_1 \wedge p_2)]$，使用德摩根律去掉最外层括号，可得原式 $=\neg(p_1 \wedge \neg p_2) \wedge \neg(\neg p_1 \wedge p_2)$，再次使用德摩根律去掉左右两个括号，可得原式 $=(\neg p_1 \vee p_2) \wedge (p_1 \vee \neg p_2)$，使用分配律去掉中间“与”运算和第二个括号，可得原式 $=[(\neg p_1 \vee p_2) \wedge p_1] \vee [(\neg p_1 \vee p_2) \wedge \neg p_2]$，进一步使用分配律去掉左右两个括号，可得原式 $=[(\neg p_1 \wedge p_1) \vee (p_1 \wedge p_2)] \vee [(\neg p_1 \wedge \neg p_2) \vee (p_2 \wedge \neg p_2)]$。

因为 $\neg p_1$ 与 p_1 只有可能有一个为 1，所以 $\neg p_1 \wedge p_1=0$，同理 $\neg p_2 \wedge p_2=0$。所以原式 $=0 \vee (p_1 \wedge p_2) \vee (\neg p_1 \wedge \neg p_2) \vee 0=(p_1 \wedge p_2) \vee (\neg p_1 \wedge \neg p_2)$。

即此时 p_1 和 p_2 的真假情况为都为真或者都为假，即为小亮的观点为 p_1、p_2 同真或者同假。

本例中提到的小明的观点在逻辑运算中也被看作为“异或”运算，即两个命题真假情况相反时，“异或”之后为真。“异或”运算一般使用符号“$\oplus$”进行表示，其可以通过“与”“或”“非”运算复合得到：

$$p_1 \oplus p_2=(p_1\wedge\neg p_2)\vee(\neg p_1\wedge p_2)$$

“异或”运算的真值表如表2-5所示。

表2-5 “异或”运算真值表

p	q	$p\oplus q$
1	1	0
1	0	1
0	1	1
0	0	0

可以发现，如果不是将“1”和“0”理解为“真”和“假”，而是直接理解为数字，那么“异或”运算跟二进制数（不含进位）的加法运算有相似之处。

小亮的观点也被称作为“同或”运算，即两个命题均为真命题或者均为假命题时，即两个命题真假情况相同时，“同或”运算之后才为真。“同或”运算一般使用符号“⊙”进行表示，其也可以通过“与”“或”“非”运算复合得到：

$$p_1\odot p_2=(p_1\wedge p_2)\vee(\neg p_1\wedge\neg p_2)$$

“同或”运算的真值表如表2-6所示。

表2-6 “同或”运算真值表

p	q	$p\odot q$
1	1	1
1	0	0
0	1	0
0	0	1

下面通过一个生活中非常常见的逻辑推理问题来展示如何使用逻辑用语分析问题。

【例 2】某市发生了一起案件，警方在破案过程中，确定了犯人是甲、乙、丙、丁四个人中的一个。通过单独隔离审讯，分别从嫌疑人口中得到了以下信息：

- 甲：这个案件不是我做的。
- 乙：这个案件是丙做的。
- 丙：这个案件不是我做的。
- 丁：这个案件是乙做的。

现在已知犯人只有一个，并且甲、乙、丙、丁中只有一个人说了真话，请问谁是犯人？

分析：我们首先对问题使用逻辑用语进行抽象。用 x_1、x_2、x_3、x_4 变量分别代表甲、乙、丙、丁四个人是否为犯人。如果是犯人，则 $x_i=1$，否则 $x_i=0$。进一步地，我们用 p_1、p_2、p_3、p_4 四个命题分别表示甲、乙、丙、丁说的话。这样，题目条件就可以表示为：

- $p_1:x_1=0$
- $p_2:x_3=1$
- $p_3:x_3=0$
- $p_4:x_2=1$

因为甲、乙、丙、丁四个人中只有一个人说了真话，所以我们用逻辑联结词可以表示为：

$$
\begin{aligned}
1=&(p_1\wedge\neg p_2\wedge\neg p_3\wedge\neg p_4)\\
&\vee(\neg p_1\wedge p_2\wedge\neg p_3\wedge\neg p_4)\\
&\vee(\neg p_1\wedge\neg p_2\wedge p_3\wedge\neg p_4)\\
&\vee(\neg p_1\wedge\neg p_2\wedge\neg p_3\wedge p_4)
\end{aligned}
\tag{2-1}
$$

这个表达式相当于枚举四种情况，分别为：甲为真，其他三人为假；乙为真，其他三人为假；丙为真，其他三人为假；丁为真，其他三人为假。然后将四种情况用“或”联结起来。

我们再来考虑命题中的条件，因为 p_2:x_3=1，所以 $\neg p_2$:x_3=0；同时，因为 p_3:x_3=0，所以 $\neg p_3$:x_3=1。故我们可以得到 $\neg p_2 \wedge \neg p_3=0$。故式（2-1）中包含 $\neg p_2 \wedge \neg p_3$ 的项的取值一定为 0，故可以去掉，即式（2-1）可以化简为

$$(\neg p_1 \wedge p_2 \wedge \neg p_3 \wedge \neg p_4) \vee (\neg p_1 \wedge \neg p_2 \wedge p_3 \wedge \neg p_4)=1 \tag{2-2}$$

将式（2-2）中的 $\neg p_1 \wedge \neg p_4$ 使用分配律提取出来，可以得到 $\neg p_1 \wedge \neg p_4 \wedge [(\neg p_2 \wedge p_3) \vee (p_2 \wedge \neg p_3)]=1$。为了让整个逻辑表达式的取值为 1，“与”运算涉及的每一项取值都得为 1，故 $\neg p_1=1$。因为 $\neg p_1$:x_1=1，所以甲是犯人。

对于这类问题，我们也可以使用程序通过枚举进行求解，以下提供一个求解该问题的 Python 程序案例：

```
name = ["空","甲","乙","丙","丁"] #嫌疑人姓名数组
for i in range(1,5): #对犯人编号进行枚举，一个个枚举甲、乙、丙、丁，看哪种情况满足题目描述
    x = [0,0,0,0,0] #多加一个无意义元素 x[0]，保证序号跟题目描述一样
    for j in range(1,5):
        if j == i:
            x[j] = 1
        else:
            x[j] = 0
    p = [0,0,0,0,0] #多加一个不使用的元素 p[0]，保证序号跟题目描述一样
    p[1] = (x[1] == 0) #将题目描述通过数组的方式存起来
    p[2] = (x[3] == 1)
    p[3] = (x[3] == 0)
    p[4] = (x[2] == 1)
    for k in range(1,5): #枚举 p1、p2、p3、p4 分别为真的所有情况
```

```
p_whole = 1      # 记录运算结果
for m in range(1,5):
    if m == k:
        p_whole = p_whole and p[m]
    else:
        p_whole = p_whole and (not p[m])
if p_whole == 1:  # 结果为 1 时说明满足题目描述
    print(" 犯人是 ",name[i])
```

结果显示：

```
犯人是 甲
```

通过这个例子我们发现用逻辑用语描述问题的好处是方便使用计算机程序进行求解。而程序求解的好处是即使题目中四个人的描述发生了改变，只需要通过修改程序中描述部分的数组即可求解同类问题。

2.3 充分必要条件

在逻辑推理中，我们经常会用“如果……，就……”“若……，则……”或者“通过……可以推出……”来阐述两件事之间的因果关系。例如，“如果明天下雨，地面就会湿滑”“若 $a=b$，则 $-a=-b$”“如果两个三角形有两组邻边及其夹角对应相等，则两个三角形全等”……

“若 p 则 q”这种形式的命题是逻辑推理中一种广泛出现的命题，其主要表示因果性。

当形如“若 p 则 q”为真命题时，也可以称作“p 能推出 q”，记作 $p \Rightarrow q$。此时，称 p 为 q 的充分条件（sufficient condition），q 为 p 的必要条件（necessary condition），这里之所以标注英文，是

为了方便大家理解。sufficient 带有“充足”“足够”的意思，就意味着只要有 p 就足够推出 q 了。necessary 带有“一定需要”的意思，表明要想推出 p，则 q 必须得成立，若 q 不成立，则 p 一定不成立。单从“p 能推出 q”来理解必要条件这层含义，好像并不是那么直接，关于这一点，我们可以用一个小例子帮助理解：

$$p{:}x>2,\ q{:}x>1,\ p\Rightarrow q \tag{2-3}$$

当 $x>2$ 时，x 一定比 1 大，说明只需要 $x>2$ 这一个条件就足够保证 $x>1$，所以 $x>2$ 是 $x>1$ 的充分条件；$x>1$ 却不能保证 $x>2$，但是如果 x 不大于 1，即 $x\leqslant 1$，那么 $x>2$ 一定不可能成立，所以 $x>1$ 对于 $x>2$ 来说，虽然不能够直接保证 $x>2$ 成立，但是不能没有 $x>1$，所以 $x>1$ 是 $x>2$ 的必要条件。

值得一提的是，在 $p\Rightarrow q$ 这类命题中，p 和 q 可以是任意的陈述句，不一定非要是命题，例如式（2-3）中的 $p{:}x>2$ 就不是命题。当 p 和 q 互为充要条件时，说明当 p 成立时足以推出来 q，有 q 也足以推出来 p，这时候说明 p 和 q 等价，记作 $p\Leftrightarrow q$。

充分必要条件是中学数学课本的重点内容，但是有一点在中学课本并没有进行更加深入的说明和解释：我们应该如何否定这类命题呢？

对于“若 p 则 q”这类命题的否定，可以使用两个不同的方式去理解：第一种理解方式是不去质疑 p 的正确性，即默认 p 的正确性，而直接否定 q，此时，$p\Rightarrow q$ 的否定形式就可以看作是 $p\Rightarrow\neg q$。第二种理解方式是直接质疑假设不对，即 p 不对，那么后面的 q 就无所谓，反正大前提已经不对了。

对于现实中的绝大多数情况，我们一般在对“若 p 则 q”这类命题否定时，采用第一种理解方式，也就是不去质疑“若 p”中 p

的正确性，即“若 p 则 q”中已经保证了 p 的正确性。这也就是谓词逻辑中的“蕴含”运算。关于谓词逻辑和“蕴含”在此不做展开，感兴趣的同学可以自行查阅相关资料。

在第一种理解方式下，“若 p 则 q”的否定就可以直接理解为“p 为真时 q 为假”，那么“若 p 则 q”的否定的真值表就如表 2-7 所示。

表 2-7 “若 p 则 q”的否定的真值表

p	q	“若 p 则 q”的否定
1	1	0
1	0	1
0	1	0
0	0	0

注意表 2-7 的第三行和第四行中，“若 p 则 q”的否定的取值之所以为 0，是因为我们在理解“若 p 则 q”时，采取了第一种理解方式，即在讨论对“若 p 则 q”进行否定时，不去质疑 p 的正确性。在对“若 p 则 q”进行否定时，不会出现 p=0 的情况，一旦 p=0，则恒为假。

在有了“若 p 则 q”的否定的真值表后，我们再取个否定，用来定义“若 p 则 q”本身的真值表，如表 2-8 所示。

表 2-8 “若 p 则 q”的真值表

p	q	“若 p 则 q”的否定	“若 p 则 q”
1	0	1	0
1	1	0	1
0	0	0	1
0	1	0	1

我们同时给出“非 p 或 q”，即 $\neg p \vee q$ 的真值表，如表 2-9 所示。

表 2-9　$\neg p \vee q$ 的真值表

p	q	“若 p 则 q”	$\neg p \vee q$
1	0	0	0
1	1	1	1
0	0	1	1
0	1	1	1

通过表 2-9 可以看出，“若 p 则 q”的取值和 $\neg p \vee q$ 的取值完全一样。故此时可以将“若 p 则 q”改写为 $\neg p \vee q$。通过以上讨论总结如下：

对于“若 p 则 q”这种形式的命题，在对命题进行否定时，默认 p 的正确性，得到“若 p 则 q”的否定的真值表。然后再取个否定，可以得到“若 p 则 q”的真值表，此时与 $\neg p \vee q$ 的真值表一样。所以得到以下结论：“若 p 则 q”在多数情况下可以被直接理解为 $\neg p \vee q$。

这种理解方式是不涉及讨论数学公理化系统本身的人的理解方式，即我们在应对现实中绝大部分问题时的理解方式。可以发现，在这种理解方式下，当 p 为假时，$\neg p$ 一定为真，则“若 p 则 q”这个命题一定为真。例如，“如果明天太阳从西方升起，天上就会出现三个月亮”就是真命题，在这一点上可能有些违背我们的直观感受，但是这种理解方式在更多时候使用起来更加方便。例如，前面提到的对于“必要条件”的理解。当 $p \Rightarrow q$ 时，q 为 p 的必要条件，按照现在这种理解方式，$p \Rightarrow q$ 相当于 $\neg p \vee q=1$，如果 q 为假，则为了让 $\neg p \vee q=1$，$\neg p=1$，推出 $p=0$，即 p 为假。所以“q 为假”时一定能够推出“p 为假”，那么要想让“p 为真”，首先得保证“q 不能为假”，这就体现了“q 为真”对于“p 为真”的必要性，所以被称为必要条件。

再举几个例子来说明一下当我们把“若 p 则 q”理解为 $\neg p\vee q$ 的方便之处。首先回顾一下本章开头的数学题。

【例 3】已知$\sqrt{a}+\sqrt{b}$为有理数，求证以下 4 个叙述中至少有一个成立：

① a 为无理数；② b 为无理数；③$\sqrt{a}$为有理数；④$\sqrt{b}$为有理数。

分析：我们可以将这个问题采用逻辑的形式改写为如下形式：

- p:$\sqrt{a}+\sqrt{b}$为有理数。
- q_1:a 为无理数。
- q_2:b 为无理数。
- q_3:$\sqrt{a}$为有理数。
- q_4:$\sqrt{b}$为有理数。

题目要求证明 $p\Rightarrow q_1\vee q_2\vee q_3\vee q_4$。如果按照本章讲的逻辑用语的方式进行改写，即证明 $\neg p\vee(q_1\vee q_2\vee q_3\vee q_4)=1$。

可以看出原问题是用“或”运算联结的，且最后要保证结果为真。在“或”运算中，只要有一个叙述成立，则整个命题就可以成立。所以为了让整个命题成立，就需要对题目的条件一个个考察，去看看到底让哪一个条件成立，整个讨论会非常复杂。

在逻辑用语的帮助之下，我们可以换个角度来思考整个问题，对 $\neg p\vee(q_1\vee q_2\vee q_3\vee q_4)=1$ 的等式两边同时取否定，想办法证明 $\neg[\neg p\vee(q_1\vee q_2\vee q_3\vee q_4)]=0$，通过德摩根律我们可知，只需想办法证明如下描述即可：

$$p\wedge\neg q_1\wedge\neg q_2\wedge\neg q_3\wedge\neg q_4=0$$

即此时只需证明 p、$\neg q_1$、$\neg q_2$、$\neg q_3$、$\neg q_4$ 的取值不可能同为 1 即可。

在本题中，假设 p、$\neg q_1$、$\neg q_2$、$\neg q_3$、$\neg q_4$ 均成立（取值均为 1）

时，有:

- p:$\sqrt{a}+\sqrt{b}$为有理数。
- $\neg q_1$:a 为有理数。
- $\neg q_2$:b 为有理数。
- $\neg q_3$: $\sqrt{a}$为无理数。
- $\neg q_4$: $\sqrt{b}$为无理数。

因为 $\neg q_1=1$ 和 $\neg q_2=1$，即 a、b 为有理数，所以 $a+b$ 为有理数；同时因为 $p=1$，即$\sqrt{a}+\sqrt{b}$为有理数，所以$\frac{a+b}{\sqrt{a}+\sqrt{b}}=\sqrt{a}-\sqrt{b}$为有理数。进一步，有 $\sqrt{a}+\sqrt{b}$ 为有理数，$\sqrt{a}-\sqrt{b}$ 为有理数，所以 $\frac{\left(\sqrt{a}-\sqrt{b}\right)+\left(\sqrt{a}+\sqrt{b}\right)}{2}=\sqrt{a}$ 为有理数，也就是，$\neg q_3=0$，所以 $\neg q_1=1$、$\neg q_2=1$ 和 $p=1$ 必然导致 $\neg q_3=0$，即证明了 $p\wedge\neg q_1\wedge\neg q_2\wedge\neg q_3\wedge\neg q_4=0$。

在遇到“若 p 则 q” 这类问题正向证明讨论过于复杂时，可想办法证明其否定不成立，这就是著名的反证法。

下面，再来看一个中学数学中时有发生的有趣的例子。

【例 4】已知 x 为实数，且$x+\frac{1}{x}=1$，求$x^2+\frac{1}{x^2}$的值。

分析：这道题经常会在中学练习乘法公式时出现。

一种常见的做法是利用$x\times\frac{1}{x}=1$和完全平方公式消去交叉项，得到$x^2+\frac{1}{x^2}=(x\times\frac{1}{x})^2-2x\times\frac{1}{x}=1-2=-1$。

如果不去细想，就会单纯通过运算得到$x^2+\frac{1}{x^2}=-1$。但是 x 为实数，所以 $x^2\geqslant 0$，$\frac{1}{x^2}\geqslant 0$，两个平方式相加得到一个负数，显然是不可能的。那么解题过程中的问题出在哪里呢？

这道题的问题出现在了$x+\frac{1}{x}=1$这个条件本身就不可能成立，即题目本身就是个错题。我们的关注点是，当题目本身是错题时，我们应该填写什么样的答案才是正确的？

我们不妨用这一章介绍的逻辑用语来重新审视这道错题。

p:$x+\frac{1}{x}=1$，q:$x^2+\frac{1}{x^2}=k$，其中 k 是我们填写的答案。如果我们将题目理解为 $p \Rightarrow q$，用逻辑表达式可以改写为 $\neg p \vee q=1$，因为 p 是一个一定错误的条件，所以 $\neg p$ 一定为 1，所以无论 q 是什么，“或”运算后的 $\neg p \vee q=1$ 一定成立，所以 q 无论是什么都是正确的，即我们的答案无论填写什么都能保证 $p \Rightarrow q$。这或许可以解释为什么考试遇到题目条件出错时，无论答案填写什么都给分。

但这样做实际上也没有那么严谨。这里存在的一个问题：题目中是不是要求我们去求 $p \Rightarrow q$ 呢？如果不仔细想，“若已知条件 p 成立，请你写出结论 q”很容易理解为“p 推出 q”，即由题目的已知条件推出的结论，应该就是问题的答案。但事实并不是这样。我们在考试中遇到的绝大部分问题，并不是等价于保证 $p \Rightarrow q$ 成立，而是也需要保证 $p \Rightarrow q$，即条件和结论可以互相推，也就是 $p \Leftrightarrow q$。我们再通过一个例子，来说明这一点。

【例 5】已知 $x^2-3x+2<0$，求 x 的取值范围。

这个题是中学不等式中比较基础的问题，我们都知道答案是 $1<x<2$。现在的问题是写 $0<x<3$ 是不是正确的？

单纯从逻辑推理的角度讲，p:$x^2-3x+2<0$，q:$0<x<3$，因为 $1<x<2$ 一定能够保证 $0<x<3$，所以 $p \Rightarrow q$ 成立，即从条件 p:$x^2-3x+2<0$ 可以推出 q:$0<x<3$。但是考试的时候，一般

我们写 $0 < x < 3$ 是不能够得分的，只有填写 $1 < x < 2$ 才能拿到分数。这就说明，我们在考试的时候，希望大家填写的是已知条件的充分必要条件，保证题目条件 p 和我们给出的结论 q 尽可能等价，即 $p \Leftrightarrow q$ 成立。换句话说，我们既要保证 $p \Rightarrow q$，又要保证 $p \Rightarrow q$，即 $p \Leftrightarrow q$。

如果我们使用逻辑表达式去书写，$p \Rightarrow q$ 可以写成 $\neg p \vee q=1$，$p \Rightarrow q$ 可以写成 $p \vee \neg q=1$，要保证两者同时成立，我们需要用“与”运算联结两个命题，即 $p \Leftrightarrow q$ 可以写成 $(\neg p \vee q) \wedge (p \vee \neg q)=1$。故我们在考试或者其他场景进行逻辑推理时，若 p 表示条件，我们需要找到结论 q，使得 $(\neg p \vee q) \wedge (p \vee \neg q)=1$ 成立。如果只约束 $p \Rightarrow q$，就会出现无论条件是什么，我们只需要随便填一个客观上恒为真的 q 即可，例如“太阳从东方升起”。

在 $(\neg p \vee q) \wedge (p \vee \neg q)=1$ 这种前提下，我们再回看上一个错题的例子（例 4），在题目条件 p 恒为假的情况下，一定有 $\neg p \vee q=1$。故此时要保证 $(\neg p \vee q) \wedge (p \vee \neg q)=1$，就需要保证 $p \vee \neg q=1$。而又因为 p 恒为假，所以需要保证 $\neg q=1$，即 $q=0$。所以如果按照考试一贯的 $p \Leftrightarrow q$ 的评价标准去对待条件恒为错的题目时，我们填写的答案 q 也需要保证恒为假，例如“太阳从西方升起”，而不是写什么都可以。

最后，用一个生活中最常用的辩论题目来说一下懂得逻辑用语的好处。

【例 6】以下改编自一档节目中出现过的辩论题：“如果你很胖，有时候会被周围的人嘲笑，你需要减肥吗？”假如你是反方，应该如何反驳正方的观点呢？

分析：首先，我们来分别列举一下正方的观点和反方的观点。

• 正方：“如果我很胖，有时候会被周围的人嘲笑，我需要减肥。”

• 反方："如果我很胖，有时候会被周围的人嘲笑，我不需要减肥。"

现在，在本章逻辑用语的帮助之下，我们可以将正方的观点形式化地拆解如下：

• p_1：我很胖。

• p_2：有时候会被周围的人嘲笑。

• p_3：我需要减肥。

则正方观点为：$(p_1 \wedge p_2) \Rightarrow p_3$，用逻辑表达式也可以写成：$\neg(p_1 \wedge p_2) \vee p_3=1$。如果想要反驳正方观点，就需要让 $\neg(p_1 \wedge p_2) \vee p_3=0$，即 $\neg[\neg(p_1 \wedge p_2) \vee p_3]=1$，通过化简可以得到 $p_1 \wedge p_2 \wedge \neg p_3=1$。即如果想要直接反驳正方的观点，需要直接说明"我很胖""有时候会被周围的人嘲笑""我不需要减肥"同时成立，这样可以选择的反驳路径是非常单一的：即寻找合适的论据去想办法保证 p_1、p_2、$\neg p_3$ 同时成立，这会使得我们在进行反驳时，需要兼顾三个陈述，对组织语言造成极大的障碍。

但是，如果我们想办法去掉因果性，将正方观点从 $(p_1 \wedge p_2) \Rightarrow p_3$ 巧妙"曲解"为 $p_1 \wedge p_2 \wedge p_3=1$，可以自由发挥的方向就会非常多。事实上，包含因果性的描述"如果我很胖，有时候会被周围的人嘲笑，我需要减肥。[$(p_1 \wedge p_2) \Rightarrow p_3$]"与去掉因果性后的描述"我很胖，有时候会被周围的人嘲笑，同时我需要减肥。($p_1 \wedge p_2 \wedge p_3=1$)"之间的差异是巨大的。

如果我们要反驳去掉因果性的正方观点 $p_1 \wedge p_2 \wedge p_3=1$，而非含有因果性的正方观点 $(p_1 \wedge p_2) \Rightarrow p_3$，只需要让 $p_1 \wedge p_2 \wedge p_3=0$，使用德摩根律可以得到 $\neg p_1 \vee \neg p_2 \vee \neg p_3=1$。此时，我们只需要保证 $\neg p_1$、$\neg p_2$、$\neg p_3$ 至少有一个为真即可，即可以在任意一个点展开讨论，而不需要关注它们之间的关联。例如：当我们只聚焦 $\neg p_1=1$ 时，可以说"胖瘦是相对的，也许我只是自认为胖，但其实很瘦。"当

我们只聚焦 $\neg p_2=1$ 时，可以说“有时候或许只是少数时候（存在量词），大多数时候没人会管我胖不胖。”当我们只聚焦 $\neg p_3=1$ 时，可以说“减不减肥是我自己的事情，我自己觉得很合适且身体健康，所以我不需要减肥。”

通过这个例子可以发现，因果性的存在会加强命题，同时会增加我们的反驳难度。所以在辩论时，想办法去掉因果性，如此例中的将 $(p_1 \wedge p_2) \Rightarrow p_3$ “曲解”为 $p_1 \wedge p_2 \wedge p_3=1$，就可以降低反驳的难度，并且能够从更多的角度进行阐述。

在本章中，我们通过介绍命题与量词、逻辑联结词以及充分必要条件，让大家体会最基础的逻辑用语是什么，即我们在生活中常说的说话要讲“逻辑”的含义。首先，逻辑的核心是关注命题的正确与错误，由于一些陈述句的正确与错误需要依赖于变量取值，所以我们引入了量词的概念，用来描述到底是对于所有可能的变量取值都成立（全称量词），还是只是能够找到几个取值（存在量词）使得命题成立。其次，为了能够描述生活中可能存在的较为复杂的命题，我们使用“与”“或”“非”等逻辑联结词，可以将简单命题组合为复合命题来描述复杂的命题。同时，我们也可以将复合命题拆解成简单命题，方便我们对命题的正误进行判断。最后，对于逻辑推理中常见的“若条件成立，则结论成立”的因果性论述，我们引入了“充分必要条件”的概念，并尝试使用逻辑联结词对其进行改写和整理。本章中涉及到的六个例子都是比较典型的案例，用逻辑用语的方式去看待这六个案例，可以帮助我们更好地理解平时在生活和学习中经常遇到的逻辑推理过程。

第3章 知识工程的推理基础

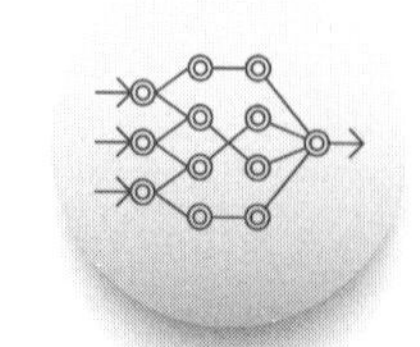

从已知的事实出发，基于现有知识体系，推出新的事实，这个过程被称为推理。例如在上一章对于充分必要条件的描述中，给出了“若 p 则 q”的命题形式，就可以被看作是一种常见的逻辑推理形式。在本章中，将介绍基本的推理方式，以及简单给出计算机是怎么实现推理的。

3.1 演绎推理与合情推理

推理的分类方式有很多，例如演绎推理与合情推理、确定推理与不确定推理、直接推理与间接推理、启发式推理与非启发式推理等。其中演绎推理和合情推理是一种比较常用的推理分类方式。下面重点介绍什么是演绎推理与合情推理。

3.1.1 演绎推理

演绎推理（deductive reasoning），是从一个大前提出发，推导出一个不与大前提矛盾的客观事实，即从一般性的知识推出特定知识的过程。演绎推理一般采用的是三段论式的推理，即大前提、小前提、结论。在大前提成立的情况下，由小前提推出结论。例如，在上一章中的“若 p 则 q”的推理形式可以看作是演绎推理的一种。以上一章中提到的例子为例：

- $p{:}x^2-3x+2>0$ 成立。
- $q{:}1<x<2$ 成立。

那么可以得到 $p\Rightarrow q$，这时候可以将现有的数学公理化体系看作是大前提，$p{:}x^2-3x+2>0$ 看作是小前提，而 $q{:}1<x<2$ 则是在大前提的基础上，基于小前提通过解不等式的方式推出的结论。

再举一个在物理中的例子来说明什么演绎推理。

【例 1】考虑一个常见的物理场景：

• 大前提：当我们观测时，测得物体的质量是守恒的，与物体的运动状态无关。

• 小前提：一辆汽车以 80 公里 / 时的速度行驶。

• 结论：我们测得这辆运动汽车的质量与其静止时一样。

小前提中的“汽车”可以看作是大前提的“物体”的一个特例，“80 公里 / 时”和“静止”可以看作是“运动状态”的一个特例。所以小前提是大前提的一个特例，如果大前提正确，自然可以得到这个推理过程的结论正确。

我们在学习知识的过程中，最常用的就是演绎推理，例如例 1 中用现存的物理学“观测质量守恒”的大前提推出实际场景中汽车“观测质量守恒”。类似地，在数学、物理中套用已知的定理、公式去解决具体题目均属于演绎推理；在化学中套用已知的化学方程式去解释具体化学实验也属于演绎推理；在生物中使用已知的分类标准把某个具体物种进行归类也属于演绎推理。演绎推理是将一般性知识（大前提）应用到具体场景（小前提），并得出结论的过程。

那么演绎推理是否一定是正确的呢？不一定。演绎推理只是一种推理方式，并不能保证结论的正确性。首先，从小前提推出结论的过程可能会出错，例如我们在考试时算错数。其次，小前提自身也可能会出错，例如我们在上一章提到的题目出错，题目条件中有自相矛盾的地方。最后，演绎推理中的大前提也未必“正确”，例如例 1 中的大前提只有在中学阶段是“正确”的，但是如果我们使用相对论的观点去看待这个问题，那么物体的“观测质量”应该是不守恒的，即大前提“错误”。

可以看出，大前提的“正确”和“错误”是至关重要的，因为它是一般性知识，后面的推理过程均需使用这个一般性知识。如

果一般性知识都出错了，那么后面的推理过程得出的结果不可能正确。但是很不幸的是，除了公理化体系比较完备的数学学科外，大部分学科用来解释世界的一般性知识只是“相对正确”，即保证对于某个特定范畴内的现象具有很强的解释力。

例如，我们在高中物理中学的力学和运动学默认“看到即真实”，表明我们可以用肉眼去观察和记录各种现象。在这里其实我们已经做了一个很强的假设，即不需要考虑“实际发生的现象从光传到眼睛的过程”，不考虑这个“传播过程”是否会对原来真正的现象有所加工。在这种假设下，中学物理其实是默认“看到即真实”这个一般性知识正确，在这个大前提下学习各种物理公式，并将它们用到求解各种物理问题中。同样，我们在中学化学中，学习化学反应时，默认生成物都是“纯净”的，不会出现副产物，这样我们可以用一个化学方程表示一个实验中涉及的化学反应过程，然而真实情况是绝大部分化学反应都会有副产物。

所以，为了保证演绎推理的相对正确性，一般会在特定场景下就大前提达成“共识”。例如，中学课程是有课程标准的，且教材会对各个学科的知识在高中阶段的“正确性”有单独的说明。这样来保证大家在讨论问题和进行标准化考试时，都是基于相同的一般性知识进行演绎推理。这也是为什么在教学过程中，对于绝大部分同学，老师一般会强调在初中阶段考试时不使用高中知识，在高中阶段考试时不使用大学知识。因为能够把不同阶段的“一般性知识”区分清楚，即知道在什么阶段默认哪些知识可以作为大前提，首先得经历所有后续阶段的知识学习（也就是专家）。

之所以写上一段，是希望读到本章的读者对于自己感兴趣的方向，能认真学习各个阶段的“一般性知识”，并勇于质疑“一般性知识”。事实上，人类发展史上能够让科学产生巨大飞跃的成果，都来自于对于“一般性知识”的质疑和改变。例如，上文提到的“看到即真实”这个物理学几百年来一直默认为真理的假设，在20世纪初期被爱因斯坦等一批科学家质疑，他们认为我们眼中的世界其实是“真实世界经过光传输到我们眼睛的样子”，因为光的传输是一个过程，所以真实世界的所有事情事实上在光传输到我们眼睛之前就已经发生了，这样我们在推导真实世界的所有物理过程时，都得先排除掉光的传输过程。这个对于一般性知识的质疑直接导致了相对论的提出，并直接推动了天体物理和核物理的飞跃式发展。

但是，对于一般性知识的质疑也不是随意的，首先得对现有知识体系了解十分透彻，才能弄明白解释力不足的那部分知识到底是什么，应该质疑什么，而不是大放厥词。

3.1.2 合情推理

一般而言，对于一般性知识的质疑是因为一些现实中出现的现象是现有的一般性知识无法解释，或者现象与一般性知识矛盾时提出的。此时就需要提到第二种由特定现象推理出一般性知识的推理方式——合情推理。合情推理主要包括类比推理和归纳推理。

类比推理是指由于 A 和 B 在某些属性上类似，所以推出它们在其他属性上也类似。类比推理在化学和生物学中非常常用，而且一般可以帮助我们先行猜出一些未知的一般性知识，例如因为猫和豹子长得像，所以它们都喜欢白天睡觉晚上活动；再例如，一种第一次发现的病毒的部分分子结构与某种已知病毒类似，所以猜测它们攻击的器官应该一样。

除类比推理外，归纳推理也是一种常见的合情推理方式。归纳推理是指从一些相似的事例中归纳出一般结论的过程。例如，通过科学实验归纳出科学结论，通过数据分析得出结论。归纳推理又分为完全归纳推理和不完全归纳推理。下面用一个简单的例子来说明完全归纳推理和不完全归纳推理的区别。

【例 2】现在想要检测一个工厂的产品合格率，如果将这个工厂的全部产品都拿出来检测，发现全部 10000 件产品中有 9900 件是合格的，则我们可以得出结论：这个工厂的产品合格率为 99%。这就是完全归纳，因为把所有涉及的事例（产品）都考察了一遍。而如果不检测全部的产品，而是仅仅检测 100 件产品，其中 99 件合格，从而推出这个工厂的产品合格率为 99%。这种用部分特例（而不是全部特例）归纳出一般性知识的过程就是不完全归纳推理。科学研究中的众多发现都依赖于不完全归纳推理的应用，只根据一小部分事例去推断一个更为宏观的一般性知识。

下面举一个物理学中著名的不完全归纳推理的例子：波粒二象性。

【例 3】早在 17 世纪，牛顿就提出了光粒子说。他认为光是由一个一个粒子组成的，遵守运动定律，这可以合理解释光的直线传播和反射性质。但是这很难解释光的衍射和折射性质。19 世纪初，托马斯·杨设计了著名的双缝干涉实验（图 3-1），证明了光

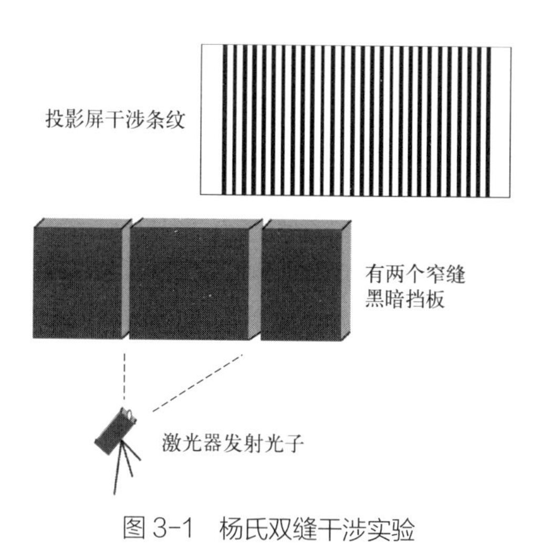

图 3-1　杨氏双缝干涉实验

具有干涉性质，证明光波具有带有周期的波动性质，才能出现干涉条纹。直到 1888 年，赫兹做实验接收到了电磁波，证明了光是一种电磁波。这仿佛使得光的波动性占了主流。1916 年，爱因斯坦光电效应的理论被实验验证，再一次证明了光可以被看作是一种特殊的粒子——光子。于是，物理学界不得不承认光同时具有两种属性——粒子性和波动性，即波粒二象性。

光的波粒二象性理论的提出和证实经历了数百年的努力。1924 年，有一个叫作德布罗意的物理学家使用上文提到的不完全归纳推理进行了大胆推测：既然光具有波粒二象性，是不是一切粒子都具有波粒二象性？

这就是著名的德布罗意物质波的概念。因为当时的物理学界已经捕捉到电子、质子、中子等微观粒子，且对于宏观世界都是由微观粒子组成这件事深信不疑，所以认为物质均具有粒子性。德布罗意认为一切的物质都有波的特性，自然引起了物理学界一片哗然，直到三年后的汤姆孙使用电子代替光进行了双缝干涉实验，也看到了干涉条纹，证明了电子也可以看作是一种特殊的波。但直到 100 年后的今天，哪些粒子性的东西具有波动性仍没有被完全搞清楚。

20 世纪上半叶，大量的物理学家根据不完全归纳推理的方式猜测，如果在一个实验、一种物质上看到了某个现象，是不是可以推广到世界上所有物质也具有类似的特性。这直接拓宽了物理学的理论研究体系，例如原子物理、核物理和量子力学等。其中的很多理论直到今天也并不完善，时不时会有反例用来修正这些 20 世纪才出现的物理理论。但这些理论在今天已经被人类广泛应用，例如核电站、量子计算机等。

所以我们需要明确一点，即使到了今天，我们所学的很多科学知识和科学理论，是通过不完全归纳推理得到的，并不能直接说是绝对正确或者错误，只是在当前阶段对于绝大部分讨论场景都适用，并且确实能够帮助我们提升科技水平，我们姑且先默认它们是正确的。

但有一个学科不会接受这种“可能正确”，那就是数学。数学是建立在完备公理化体系上的学科，其不允许出现这种“可能正确”的说法。数学的理论体系要求整个推理过程都是建立在几条公理“默认正确”的基础之上。即在公理正确的基础上，所有数学体系中的定理和公式都可以一步步推出来。这就意味着数学（至少大部分人眼中的数学）是完完全全由演绎推理构建的学科。有时候数学中的“严谨”二字，也可以看作是演绎推理的代名词。即使数据科学中的统计学方法，也需要建立在大数定律和中心极限定理的基础之上，研究统计量，即每一个统计量都可以被“证明”是对数据的某种估计。

当然在数学中，我们也遇到过“归纳”二字，即数学归纳法。一般数学归纳法的描述是：

- 当 $n=1$ 时，命题成立。
- 若当 $n=k$ 时，命题成立，能够推导出当 $n=k+1$ 时，命题也成立。

则我们可以按照这种方式一个个向后推导，最后得出结论，对于任意的正整数 n，命题都成立。

我们不妨用一个例子来说明数学归纳法。

【例 4】求证：对于任意的正整数 n，$1^2+2^2+3^2+\cdots+n^2=\dfrac{n(n+1)(2n+1)}{6}$。

使用数学归纳法的证明过程如下：

首先，可以验证，当 $n=1$ 时，$1^2=\dfrac{1\times(1+1)(2+1)}{6}$，所以命题成立。

假设 $n=k$ 时，命题成立，即

$$1^2+2^2+3^2+\cdots+k^2=\frac{k(k+1)(2k+1)}{6}$$

则当 $n=k+1$ 时，有

$$\begin{aligned}
\text{左边}&=1^2+2^2+3^2+\cdots+k^2+(k+1)^2\\
&=\frac{k(k+1)(2k+1)}{6}+(k+1)^2\\
&=\frac{k(k+1)(2k+1)+6(k+1)^2}{6}\\
&=\frac{(k+1)[k(2k+1)+6k+6]}{6}\\
&=\frac{(k+1)(2k^2+7k+6)}{6}\\
&=\frac{(k+1)(k+2)(2k+3)}{6}
\end{aligned}$$

$$\begin{aligned}
\text{右边}&=\frac{(k+1)(k+1+1)[2(k+1)+1]}{6}\\
&=\frac{(k+1)(k+2)(2k+3)}{6}
\end{aligned}$$

所以左边＝右边，即当 $n=k+1$ 时，命题成立。

根据数学归纳法，可以证明原命题成立。

通过例 4 可以发现，数学归纳法并不是从部分 n 的取值中归纳出结论，而是基于“自然数可以一个一个往后数”这个一般性知识，严格证明了可以按照“数自然数”的方法，使得对于所有 n 均满足公式。所以如果非要把数学归纳法归在归纳推理里面，则数学中的数学归纳法应该属于完全归纳推理。

当然，我们更多时候是将数学归纳法看作是一种演绎推理。其套用演绎推理的“三段论”式格式如下：

• 大前提：自然数可以一个一个往后数。

• 小前提：我们面对的问题可以以自然数为角标（与自然数一一对应），在保证第一个结论正确的前提下，从前一个推出后一个。

• 结论：我们面对的问题可以按照数自然数的方法，保证对于所有角标均成立。

最后，让我们来对比一下演绎推理和归纳推理。演绎推理是我们将一般性知识应用到具体场景中使用的推理方式，例如学习课本知识后用课本中的定理和公式解题，其可以看作是知识应用的过程。而合情推理（类比推理和归纳推理）是我们从一些特例中想办法抽象出一般性知识，是知识生成的过程。我们在学知识的过程中，要注重演绎推理，在进行科技创新的过程中，要注重应用合情推理。故我们既要保证对现有一般性知识有扎实的掌握，又要不拘泥于现有的一般性知识，敢于基于特例进行归纳想象。

3.2 计算机实现推理的过程

在上一节中，我们将逻辑推理分为了演绎推理和合情推理，其中合情推理中我们又着重介绍了归纳推理。那么在人工智能火爆的今天，计算机是如何像人类一样实现推理的呢？

事实上，在计算机诞生之初，就有很多数学家和计算机科学家想要使用计算机帮助人类进行推理和证明。1956 年，人工智能的早期探索者赫伯特·西蒙（Herbert Simon）和阿伦·纽维尔（Allen Newell）开发了最早的人工智能程序“逻辑理论家（Logic Theorist）”，并尝试用该程序完成逻辑学家怀特海和罗素《数学原理》中的 38 条定理的证明。之后著名的美籍华裔数学家王浩，在 1959 年使用 IBM704 计算机证明了《数学原理》中的全部定理。《数学原理》的主要内容是基于我们在上一章中介绍过的命题与逻辑符号推理中的定理。20世纪50、60年代的数学家和计算机科学家，主要让计算机采用了演绎推理的方法，模拟人类进行推导和证明，即想办法让计算机实现 $p \Rightarrow q$ 的逻辑计算。计算机自动实现演绎推理（以定理证明为代表）也是20世纪60年代人工智能的主流，同时也被称为符号学派。在本节先来简单介绍为什么用计算机可以帮助我们实现演绎推理。

3.2.1 计算机实现演绎推理

我们都知道计算机的底层是使用二进制进行运算，这是为什么呢？一个基本的常识是计算机是接电工作的，计算机的内部由各种电路和集成电路（芯片）组成。计算机依靠传导电信号来传递和加工信息。图3-2就是一段典型的电信号，其中“电平”是信号处理中的用词，等价于物理学中的“电压”。

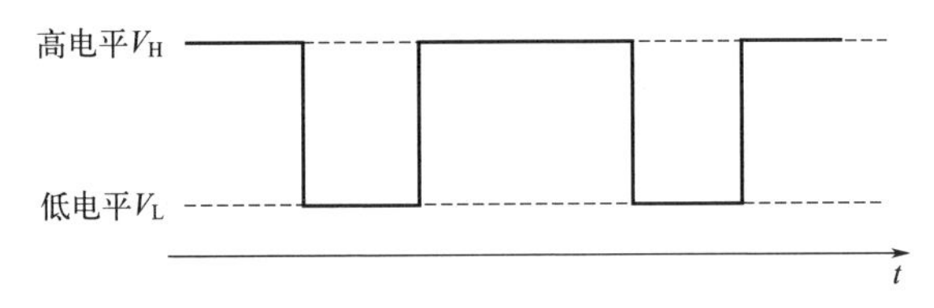

图3-2 一段典型的电信号

图3-2中高电平 V_H 表示电压为高，例如5V。低电平 V_L 代表电压为低，例如0V。时间 t 表示随着时间的推移，计算机内部传递的电平信号可以依靠人为控制（例如使用开关）让电平实现高低交替。当电平为高时，我们可以理解为传递的是“1”，当电平为低时，我们可以认为传递的是“0”。这样，计算机就可以传递“1”和“0”两种信号。

但仅仅只有传递还是不行，为了让计算机能够实现逻辑推理，

还需要让计算机能够实现加工，即基本的“与”“或”“非”逻辑运算。这里就需要介绍计算机的基本控制元件。不管是早期计算机使用的电子管和晶体管，还是如今集成电路计算机中使用的 MOS 管，其核心思想都是利用器件的物理特性将电平从低电平转化为高电平，将高电平转化为低电平。这里就以 MOS 管为例，如图 3-3 所示。

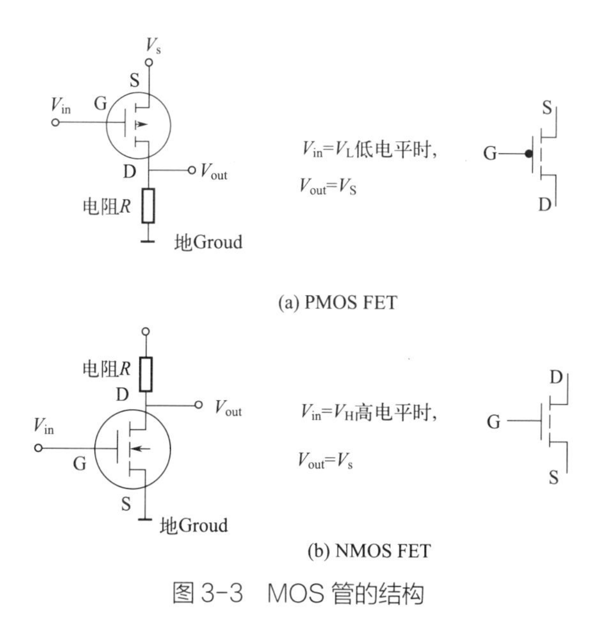

图 3-3　MOS 管的结构

MOS 管可以分为两种：PMOS 和 NMOS。根据物理特性，对于 PMOS 而言，当给左端 V_{in} 一个低电平 V_L 时，这时候从 S 极到 D 极导通，电流可以流过，此时输出的电平 V_{out} 就等于 S 极的电平 V_s。而 NMOS 的特性与 PMOS 正好相反，给左端 V_{in} 一个高电平 V_H 时，S 极到 D 极导通，电流可以流过，此时输出的电平 V_{out} 就等于 S 极的电平 V_s。如果我们巧妙地将 PMOS 和 NMOS 组合，就可以实现基本电平转换。例如图 3-4 就是用 MOS 管实现“非”运算。

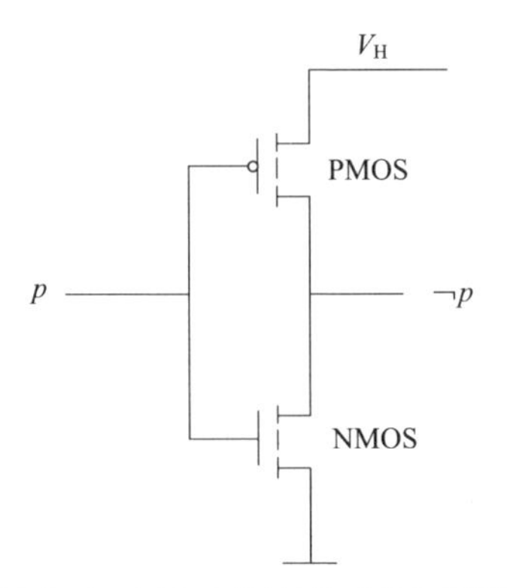

图 3-4　MOS 管实现“非”运算

图 3-4 中，当 p 为低电平时，PMOS 打开，NMOS 关闭，此时输出为高电平 V_H；当输入是高电平时，PMOS 关闭，NMOS 打开，此时相当于接地，输出为低电平。这就实现了输入和输出的电平正好是相反的，即实现了“非”运算。同理，也可以通过巧妙地组合 MOS 管，实现“与”运算，如图 3-5 所示。

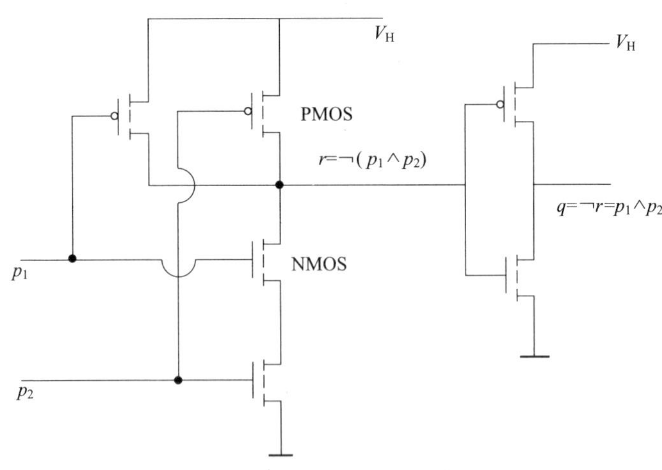

图 3-5　MOS 管实现“与”运算

同“与”运算类似，MOS 管实现“或”运算的方法如图 3-6 所示。

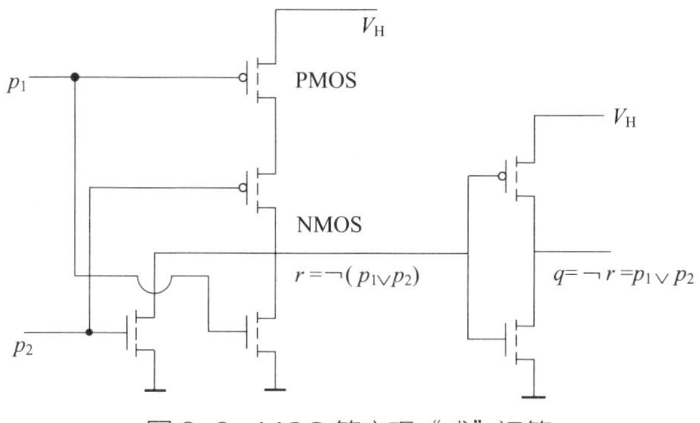

图 3-6　MOS 管实现“或”运算

MOS 管可以在电路层级直接利用其物理特性实现“与”“或”“非”的逻辑运算。我们只需将实现“与”“或”“非”运算的 MOS 管结构进行组合，就可以实现更为复杂的逻辑运算。这些使用 MOS 管实现“与”“或”“非”运算的基本电路结构也是计算机底层最基础的电路结构，也被称为逻辑门电路。表 3-1 给出了逻辑门电路的符号表示。

表 3-1　“与”“或”“非”逻辑门电路

逻辑运算	与	或	非
符号表示	$p\wedge q$	$p\vee q$	$\neg p$
逻辑门电路表示	p, q → [ ] → $p\wedge q$	p, q → [+] → $p\vee q$	p → [ ]o → $\neg p$

对于演绎推理中最常见的形式“若 p 则 q”，可以根据第 2 章的知识，将其改写为 $\neg p\vee q$ 的形式，然后只需使用逻辑门电路就可以实现这个逻辑，如图 3-7 所示。

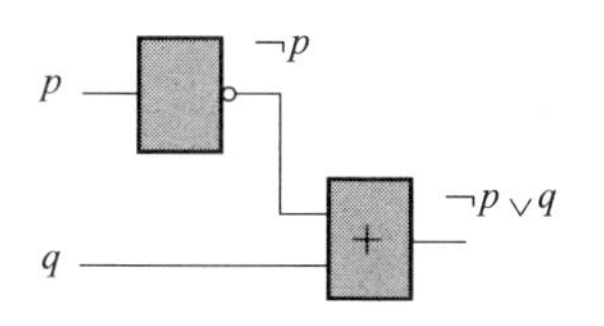

图 3-7　逻辑门电路实现“若 p 则 q”

可以发现，通过以上介绍，使用计算机实现演绎推理中的数学证明 $p \Rightarrow q$，如果我们可以完成 $\neg p \vee q$ 的计算，结果为 1，就意味着我们证明了 $p \Rightarrow q$。注意到上述过程既不需要当今时代界面和命令友好的高级编程语言（例如 Python），也不依赖于功能强大的操作系统，只需要计算机最底层的利用自身物理特性的逻辑门电路就可以实现。这就是为什么在 20 世纪 50 ~ 60 年代尚未出现高级编程语言和操作系统时，数学家和计算机科学家就可以依靠计算机帮助人们实现数学证明和复杂的演绎推理。

下面我们再举几个例子帮助大家理解计算机是如何实现演绎推理的。

【例 5】基于数学公理化体系的四则运算

四则运算是一类常见的演绎推理。我们基于“加法”这个一般性知识和规则，可以计算出 8+9=17。那么计算机是如何实现四则运算的呢？我们还是从逻辑门电路出发。在二进制下实现一个带进位加法运算，如图 3-8 所示。

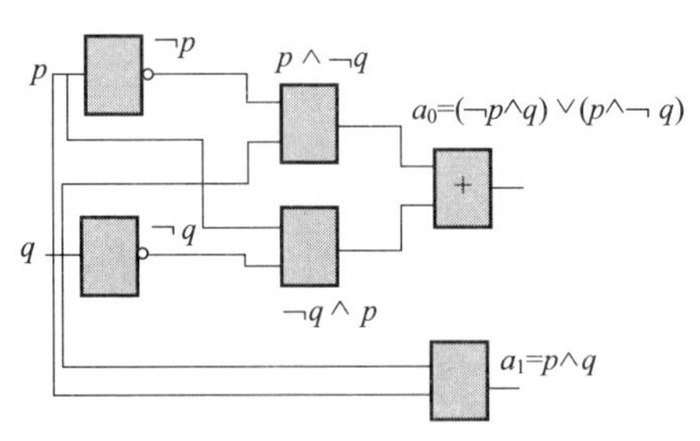

图 3-8　逻辑门电路实现一个二进制加法

将图 3-8 的逻辑门电路的真值表列举出来，如表 3-2 所示。

表 3-2　逻辑门电路实现二进制加法的真值表

p	q	a_0	a_1
0	0	0	0
1	0	1	0

续表

p	q	a_0	a_1
0	1	1	0
1	1	0	1

如果用二进制运算的角度去理解表3-2的“1”和“0”，可以发现a_0可以理解为$p+q$运算后原始位的取值，而a_1可以理解为是否进位。这就组成了一个带进位的二进制加法器的基本结构。这样，通过将这个结构进行连接，就可以实现任意复杂的加法运算。

事实上可以被证明，通过加法器和另一种基本结构“移位寄存器”，就可以实现全部的“加”“减”“乘”“除”四则运算。感兴趣的读者可以自己查阅有关资料。

【例6】让计算机使用演绎推理实现问题求解——归结演绎推理

通过之前的介绍，我们知道当已知p与q的具体表达时，计算机可以很容易地实现类似$p \Rightarrow q$的证明。但是我们将$p \Rightarrow q$改写成$\neg p \vee q=1$时，需要提前知道q的取值，才能进行电路验证。那么如何让计算机自行进行推理，即通过演绎推理回答一个问题或者进行一个问题求解，而不是证明一个定理。下面举一个例子简单介绍计算机是如何实现问题求解的。

现在已知如下几个事实：

- p_1：王五是张三的老师。
- p_2：张三和李四是同班同学。
- p_3：如果x与y是一个班的，则x的老师也一定是y的老师。

问题是：李四的老师是谁？

如果想让计算机帮我们进行运算，首先得用符号表示这个问题中说的每一句话，并且使用逻辑联结词将它们进行组合，这样计算机才能够识别。

用 $Teacher(z, x)$ 来表明关系：z 是 x 的老师，根据 p_1，有 $Teacher$(王五，张三)。

用 $Mate(y, x)$ 来表明关系：y 是 x 的同班同学，根据 p_2，有 $Mate$(李四，张三)。

这里要说明的是 $Teacher(z, x)$ 和 $Mate(y, x)$ 这种写法中，$Teacher(z, x)$ 和 $Mate(y, x)$ 都是取值恒为“1”（真）的描述。即一旦用 $Teacher(z, x)$ 去描述 z 与 x，则 z 就是 x 的老师。这样，如果想表达 z 不是 x 的老师，只需要使用逻辑中的“非”运算，即 $\neg Teacher(z, x)$。

p_3 的描述，相当于一个一般性知识，即演绎推理里的大前提，其可以用如下的逻辑表达式表述：

p_3: $Mate(y, x) \wedge Teacher(z, x) \Rightarrow Teacher(z, y)$，我们使用第 2 章的逻辑运算换一种表述方式，可以写作：$\neg[Mate(y, x) \wedge Teacher(z, x)] \vee Teacher(z, y)$，化简后可得 $\neg Mate(y, x) \vee \neg Teacher(z, x) \vee Teacher(z, y)$。

我们希望求解的问题也可以表达为：求出 $Teacher$(w, 李四) 中的 w。

这种求解方式可以使用归结树（注意：这里是归结而非归纳）的方式表示。如图 3-9 所示。

在图 3-9 中，我们逐一解释①和②两层是如何得到结论的。

① 已知 p_1:$Teacher$(王五，张三)，以及一个一般性知识 p_3:$\neg Mate(y, x) \vee \neg Teacher(z, x) \vee Teacher(z, y)$。将一般性知识中的 z 取值“王五”，x 取值为“张三”，相当于把演绎推理中的小前提代入到一般性知识中。一般性知识就变成了如下形式：

p_3:$\neg Mate$(y, 张三)$\vee\neg Teacher$(王五，张三)$\vee Teacher$(王五 , y)

由于已经知道了 $Teacher$(王五，张三)，所以 $\neg Teacher$(王五，

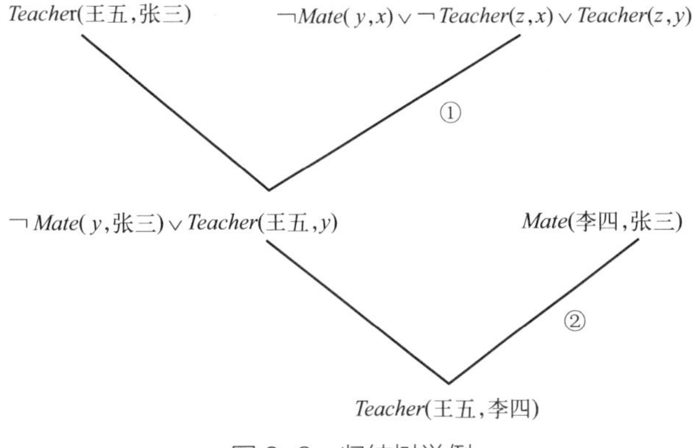

图 3-9　归结树举例

张三) 的取值一定为 0。故可以把 p_3 中的 ¬*Teacher*(王五，张三) 去掉，将 p_3 化简为 p_3:¬*Mate*(*y*, 张三)∨*Teacher*(王五 , *y*)。

② 再将 p_2:*Mate*(李四 , 张三) 中的"李四"代入到 p_3:¬*Mate*(*y*, 张三)∨*Teacher*(王五 , *y*) 中的变量 *y* 中，可以得到 p_3:¬*Mate*(李四 , 张三)∨*Teacher*(王五 , 李四)。由 p_2:*Mate*(李四 , 张三) 知道 ¬*Mate*(李四，张三) 的取值一定为 0，可以去掉，最终可以得到结论 *Teacher*(王五，李四)，即"王五"是"李四"的老师。

这种形式的推理方法在计算机中叫作归结演绎推理，其中将具体变量代入的过程也被称为模式匹配。使用归结演绎推理可以将复杂的问题都转化为逻辑表达式，这样方便使用计算机进行求解。模式匹配和归结演绎推理是使用计算机进行演绎推理的重要方法。在 20 世纪 60 年代用计算机进行演绎推理火热的时候非常流行。

20 世纪 60 年代，计算机发展初期，人们使用计算机主要是帮助人类在现有的知识框架中进行运算、数学证明，或者实现复杂的推理任务。无论哪一种任务，都是使用计算机在人类已经探索出的一般性知识的基础之上解决具体问题，不会让计算机自动生成新的一般性知识。故 20 世纪 60 年代的人工智能绝大部分都可以看作是演绎推理。而使用计算机进行合情推理，即让计算机自己学出可能的新的知识这件事情，直到 20 世纪 80 年代才开始被重视，其中一个特别重要的方向就是机器学习。

3.2.2 计算机实现合情推理

合情推理主要包括类比推理和归纳推理。以归纳推理为例，归纳推理是从特例中生成一般性知识的推理过程，例如从有限的数据中发现模型和规律，并将其直接看作是一般性知识（不进行证明），并应用到类似场景中。

这种从数据中学习出一个数学模型，并将这个数学模型应用到其他的场景中的做法在当今时代也被称作机器学习（machine learning）。

机器学习的标准流程分为 3 步：①收集数据；②用已知数据建立数学模型；③使用新的数据验证模型的一般性。

以机器学习中典型的手写数字识别 MNIST 的例子为例。

【例 7】MNIST 手写数字识别数据集和神经网络

MNIST 手写数据集由杨乐坤（LeCun Yann）的团队在 1998 年整理和发布，其包含 60000 张训练集的手写数字图片和 10000 张测试集的手写数字图片。其中一张手写数字见图 3-10，每一张手写数字除了包含一张 28×28 像素（pix）的图片外，还包含一个标签，用来标记是数字几，例如图 3-10 中除了一张“7”的手写数字图片，还有一个标签“7”。

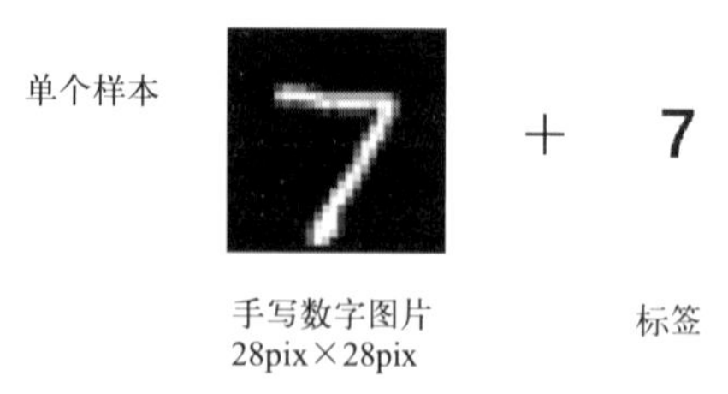

图 3-10　MNIST 数据集中的单个样本示例

人们并不知道我们的大脑是如何根据手写图片“7”就能识别出数字 7 的，这时候就需要计算机通过大量的案例归纳出这个一般性的识别模型，例如神经网络，如图 3-11 所示。

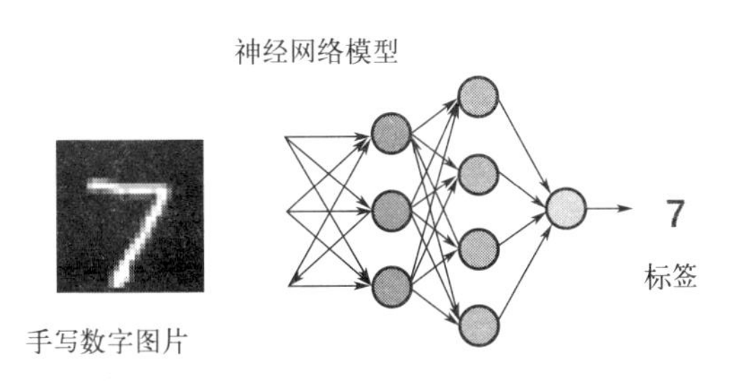

模型：输入一张手写数字图片，输出对应数字

图 3-11　使用神经网络模型实现手写数字识别

LeCun Yann 的团队设计了著名的 LeNet-5 神经网格结构，基于 60000 张训练集图片生成神经网络模型，并在 10000 张测试图片上进行测试，能够达到 99% 以上的数字识别准确率。这里的测试集图片在训练和生成模型时是看不到的，可以被看作是用来验证模型是否具有一般性的“新的数据”。LeNet-5 先给定了基本的神经网络结构，但是参数不确定，需要使用训练集的 60000 张图片去确定具体的参数。在整个过程中，训练集的 60000 张图片可以看作是“①收集的数据”；神经网络模型的训练过程可以看作是“②用已知数据建立数学模型”，即生成新的一般性知识的过程；用测试集验证准确率可以看作是“③使用新的数据验证模型一般性的过程”。解决这个问题的神经网络模型是基于部分数据（60000 个案例而非世界上所有人的手写数字数据）生成的，是没有办法彻底用现有的知识直接推出来的，并且其一般性的验证需要依赖于新的数据，是典型的不完全归纳推理过程。

最近 10 年，机器学习和神经网络在人工智能中逐渐成为了主流方向，并构成了一个庞大的学科分支。对机器学习和神经网络感兴趣的读者可以去查阅相关书籍或者大学选择相关专业。但是，就像例 7 中描述的那样，神经网络是一种不完全归纳推理过程。换句话说，模型并不是由我们现有的知识体系推出来的，而是靠数据“猜”或者“学习”出来的。对于很多在现实中应用得很好的神经网络模型，我们甚至很难严谨地证明该模型为什么会表现优异，只能根据其包含某种特殊的结构，部分证明或者猜测可能由于某个性质导致神经网络在具体场景中可以表现出很好的预测功能。这也成为机器学习和神经网络经常被诟病的地方。

其实在这个时代，数学、物理、计算机以及经济、金融、社会科学等各种应用场景越来越丰富，出于应用的目的，很多数学模型的建立和技术的开发应用，其背后的理论支撑都不是那么严谨，但是依旧可以很好地服务人类，例如人脸识别、语音合成、自动驾驶等。我们在使用合情推理时，也更多地关注其应用价值，而非严谨性。

第4章 专家系统

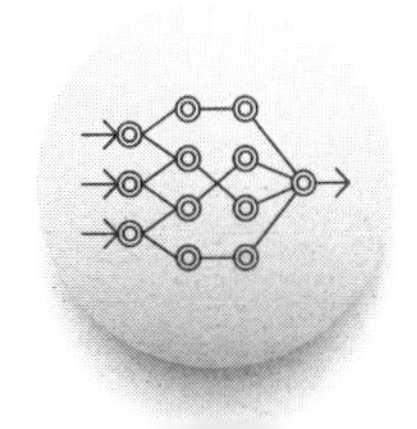

4.1 初识专家系统

4.1.1 什么是专家系统

在人工智能发展的过程中，研究者开始认识到知识对于智能的重要性，因此从曾经的寻求一般性法则转向了特定知识的应用。某个领域内非常高水平的专业知识往往掌握在专家身上，专家能够在该领域内独立开展工作并且取得出色的成绩。因此，专家们认为如果人工智能要成为一门科学，就要使用知识来模仿智力。

1965 年，爱德华·费吉鲍姆和乔舒亚·莱德伯格在斯坦福大学开始合作，编写能够根据化学数据来推导分子假设的推理程序。然而，他们发现如果没有相当的物理化学知识，这种程序就不能有效地解决实际问题。因此他们与遗传学和化学等学科的科学家一起组成跨学科的研究小组，花费多年时间研制出了世界上第一台专家系统 Dendral[1]，在当时 Dendral 已经能够超越人类，并胜过系统的设计者本身。

Dendral 的主要目的是研究科学假设的形成和发现，因为它能够将决策过程和解决问题的行为自动化，来帮助有机化学家识别未知的有机分子。该专家系统使用质谱图分析和化学知识推理来实现这个目标。Dendral 系统被广泛应用于世界各地的大学和化学实验室，虽然最初没有得到普遍认可，但其知识库方法对人工智能的发展具有重要价值。

专家系统强调了知识在智能中的重要性，因为所有的智能功

---

[1] Dendral 这个名字是树突算法 (dendritic algorithm) 的缩写。

能和学习都需要基于知识。专家系统致力于模拟人类专家的决策过程，以帮助解决实际问题。

那什么是专家系统呢？专家系统是一种基于知识的人工智能应用程序，它模拟了人类专家在某个领域中的知识和推理过程，并利用这些知识来解决特定的问题。它通常包含一个知识库、一个推理机和一个人机界面，可以为用户提供高质量、可靠的决策支持，如图 4-1 所示。专家系统旨在为那些需要做出决策、解决问题或进行任务的人们提供有用的帮助，并提高他们在特定领域中的表现水平。

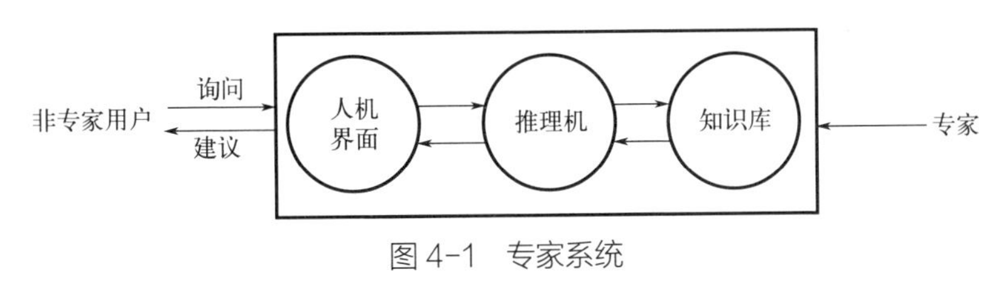

图 4-1　专家系统

医疗领域的专家系统数量众多。这些专家系统利用人工智能技术和医学知识库来模拟医生的决策过程，辅助医生进行诊断、治疗和药物选择等方面的决策。如果医生对程序的推理过程有疑问，他们可以查看程序的推理路线以了解其背后的原因和依据。

20 世纪 70 年代初，爱德华·费吉鲍姆的团队又研发了专家系统 MYCIN，它使用人工智能识别引起严重感染的细菌，并推荐抗生素，还根据患者的体重调整剂量，MYCIN 系统也被用于其他一些疾病的诊断。

人们认为 MYCIN 系统在传染病的诊断和治疗上已经达到了专家的水平，超过其他非专家医生的水平。由于 MYCIN 的推理程序可以使用不同领域的知识库，它也被用于开发另一个诊断肺病的医疗诊断系统，并在一些医疗中心投入使用。

4.1.2　专家系统的应用

专家系统在商业上得到广泛应用。专家系统可以帮助企业收集、复制和分类专业知识，减少培训专家的时间和成本，并代替专家从事困难和乏味的工作。通过使用专家系统，可以将专家的知识转化为可执行的规则，使企业能够更快地做出决策并改善业务流程。这种技术可以提高企业的效率和生产力，从而增加利润和降低成本。

比如，一些国家的石油公司将油井钻探工作承包给钻井公司，但钻井公司在钻井时遇到问题，他们会寻求钻探顾问专家系统的帮助，专家系统能够分析和解决各种钻探问题，并提供改正建议以及预防措施，以避免再次出现类似问题。

又比如，随着设备数量的增加和复杂性的提高，维修专家可能无法及时掌握所有机器的工艺变化，此时专家系统可以帮助维修人员快速准确地诊断故障、提供解决方案，并指导维修过程中的操作。这有助于提高设备的可靠性和维护效率，从而减少停机时间和维修成本。

利用专家系统可以将专家的知识和经验进行有效的整合和利用，从而提高企业或组织的生产效率和决策水平，进而实现更高的经济效益。通过多个专家的共同作用，将各自专业灵活应用并融合起来，可以解决一些复杂的问题。

专家系统在军事方面也有着广泛的应用，一些专家系统可以使用信号处理和模式识别技术，在非常嘈杂的海洋环境中对声音进行分析和处理，通过对信号进行分析和加工来达到预定目标。

1985年，农业专家熊范纶首创的“砂姜黑土小麦施肥专家系统”是中国第一个农业专家系统，为解决安徽淮北平原砂姜土地

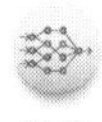

的氮、磷贫瘠问题提供了解决方案。该系统运用专家系统技术，将农业专家的丰富经验编写成知识库，并采用通用语言替代人工智能专用语言，实现了推理型知识与运算型知识相融合的知识表示方法。该系统能够通过输入田块土壤信息和肥力水平，帮助农民计算出每亩地应施氮、磷、钾肥的数量和成本，并可对收成进行估产，算出投入产出比。该系统在安徽淮北地区推广应用，取得了显著的增产增收效果，并于1988年荣获国家科技进步二等奖。此后，熊范纶还承担了“施肥专家系统”项目，开发出了20多个施肥专家系统和栽培管理专家系统，在全国应用，并获得多项荣誉和奖励。

4.1.3 专家系统的优势与不足

专家系统是一种基于人工智能技术的软件应用程序，其特征在于能够承载和传递人类专业知识，人类专家是有限期的，但是专家系统是永久的。专家系统有助于分配人类的专业知识，并且一个专家系统中可以包含来自多个人类专家的知识，因此使得解决方案更加高效。此外，专家系统还降低了咨询各种领域专家的成本。专家系统还可以通过推断基于现有的知识事实来推导新的事实，从而解决复杂的问题。

然而，专家系统仍然存在一些不足。例如，它们不具备类人决策能力，不能拥有人类的创造性和灵活性，而且需要大量的专业知识、规则的录入和维护。此外，专家系统必须在特定领域中应用，如果该领域不具备足够的先验知识和规则，就不能很好地解决问题。

4.2 专家系统的机理

4.2.1 专家系统的构成

人脑的工作原理非常复杂，但专家系统作为一种人工智能应用，通过知识库、数据库、推理机、人机界面、解释器等组成部分，能够在某种程度上模拟人类的一些功能。

例如，长期记忆和短期记忆等功能可通过专家系统中的知识库和综合数据库来实现。知识库可以存储和组织专业知识，模拟人类的长期记忆功能；而综合数据库可以存储暂时需要记忆的信息，模拟人类的短期记忆功能。

专家系统模型（图 4-2）通常包括：人机界面（user interface）、知识获取（knowledge acquisition）程序、知识库（knowledge base）、解释器（interpreter）、推理机（inference engine）、综合数据库（global database）。

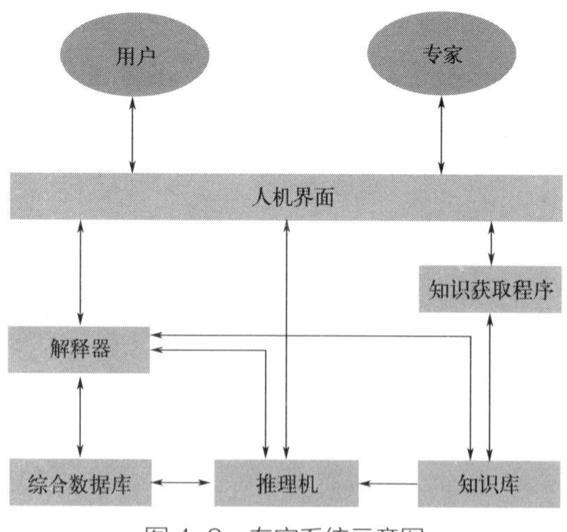

图 4-2　专家系统示意图

人机界面是系统与用户进行交流时的界面。通过该界面，用户输入基本信息，回答系统提出的相关问题，并输出推理结果及相关的解释等。

知识库用来存放专家提供的知识，是专家系统质量是否优越的关键所在，即知识库中知识的质量和数量决定着专家系统的质量水平。专家系统根据知识表达方式的不同，可以采用多种方式存储知识，其中 if-then 规则和状态空间是比较常见的两种方式。

解释器能够向用户解释专家系统的行为方法，包括解释推理结论的正确性以及系统输出其他候选结果的原因等。解释器可以跟踪推理的过程，根据规则库和规则匹配过程，解释推理结论的正确性，并且可以解释为什么系统输出了某个结论或其他候选结果。

推理机是专家系统的大脑，主要作用是根据知识库中获取的知识和用户的询问，自动推断出新的结论或答案。推理机通过知识库中的规则和事实，按照一定的逻辑关系来自动推理。当用户向系统提出一个问题时，推理机会自动地从知识库中检索相关的信息，对其进行推理，然后生成一个与问题相关的结论或答案。

知识获取是建造和设计专家系统的关键，也是目前建造专家系统的“瓶颈”。知识获取的基本任务是为专家系统获取知识，建立起健全、完善、有效的知识库，以满足求解领域问题的需要。

综合数据库又称动态数据库，是专家系统中的一个重要组成部分，主要用于存放初始事实、问题描述及系统运行过程中得到的中间结果、最终结果等信息。当专家系统运行的时候，综合数据库建立，当运行完毕后综合数据库则会被撤销。

4.2.2 专家系统的分类

根据不同的分类标准，专家系统可以分为不同的类型。以下是一些常见的分类：

• 按知识表示方式分类：基于规则的专家系统、基于案例的专家系统、基于语义网络的专家系统和基于框架的专家系统。

• 按功能分类：解释型专家系统、预测型专家系统、诊断型专家系统、设计型专家系统、监护型专家系统、控制型专家系统等。

• 基于规则的专家系统。由于基于规则的专家系统较为简单，下面重点介绍。

基于规则的专家系统是将专家所掌握的现有知识和经验，通过一定的方法转化为规则，使用推理机进行启发式推理。根据明确的前提条件，得到明确的结果。

例如对动物的分类：

IF（有毛发 or 能产乳）and [（有爪子 and 有利齿 and 前视）or 吃肉] and 黄褐色 and 黑色条纹，THEN 老虎。如图 4-3 所示。

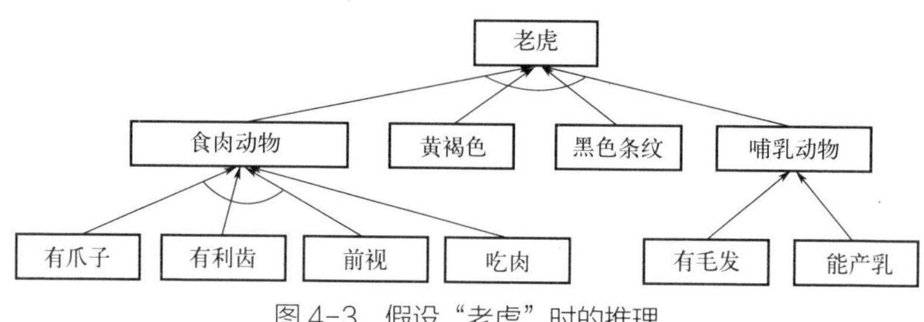

图 4-3 假设“老虎”时的推理

IF [有羽毛 or（能飞 and 生蛋）] and 不会飞 and 游水 and 黑白色，THEN 企鹅，如图 4-4 所示。

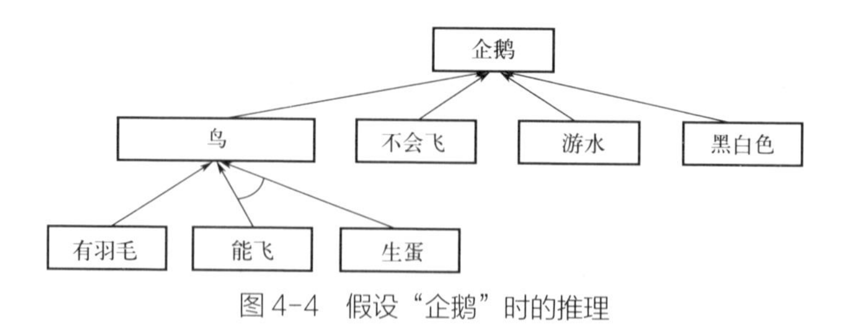

图 4-4 假设“企鹅”时的推理

基于规则的专家系统是最早期的一种专家系统，推理过程比较明确，只要规则正确，结论就比较准确，是一种简单实用的专家系统，应用范围比较广泛。

4.2.3 专家系统的推理

推理机是专家系统的核心组件之一，它实现了专家系统的推理功能。推理机会执行两种类型的推理：正向推理（forward reasoning）和反向推理（backward reasoning），以确定新的结论。

在正向推理中，推理机使用已知事实，逐一匹配知识库中的规则，找到与已知事实匹配的规则，生成新的结论，并将其添加到综合数据库中。这个过程一直持续，直到不能再生成新的结论为止。正向推理的具体工作流程如下：

- 用户提供初始事实：用户首先将一批已知数据或事实提供给专家系统，这些数据将被存储到一个综合数据库中，作为初始值。

- 推理机匹配规则前提：推理机将知识库中的规则前提与这些事实进行匹配。一般是将每条规则的前提取出来，验证这些前提是否在数据库中。如果存在，则匹配成功；如果不存在，则取下一条规则进行匹配。

- 添加新的事实：对于匹配成功的规则，推理机将该规则的结论作为新的事实添加到综合数据库中。

- 重复以上步骤直到达到期望结论：用更新后的综合数据库中的事实，再次进行规则匹配，并添加新的事实。如此循环，直到达到预期的结论或者不再有新的事实产生。

在反向推理中，推理机使用目标结论，逆向匹配知识库中的规则和结论，找到与目标结论匹配的规则和结论，然后倒推出该结论的前提条件。这些前提条件将成为新的事实，并被添加到综合数据库中。

• 检查目标是否在综合数据库中：推理机首先检查综合数据库中是否有与目标相关的事实或信息，如果有，则假设成立，推理结束或进入下一个假设的验证；如果没有，则继续下一步。

• 判断目标是否为证据节点：如果目标是一个证据节点，则推理机将向用户提问，获取与该节点相关的信息，否则继续下一步。

• 查找包含目标的规则：推理机查找包含目标的规则，并将这些规则的前提作为新的假设。

• 重复上述步骤：用新的假设来检查数据库，并查找包含这些假设的规则。如此循环，直至推理机可以确定目标的真实性或不能继续推理。

前文中已经提及，知识可以分为确定性知识和不确定性知识。确定性知识是指具有确定性结果的知识，其结果具有确定性、必然性和精确性，例如，1+1=2 或水的沸点是 100℃。而不确定性知识则是指具有不确定性结果的知识，其结果不是绝对准确的，存在一定程度的不确定性、可能性和模糊性，例如，天气预报、股票涨跌预测、疾病诊断等都属于不确定性知识。

在专家系统的推理过程中，通常会面临大量的不确定性信息。传统的规则推理方法无法处理这些不确定性信息，因此需要使用其他方法。一种常见的方法为将每个事实和规则赋予一个取值为 [−1,1] 的可信度因子，用以表示其可靠程度和不确定性程度。专家系统可以根据不同的不确定信息表达方式来实现不精确推理。这些不精确推理方法可以使专家系统更好地处理现实世界中的复杂问题，提高知识推理的准确度和效率。

这里举例对正向推理与反向推理进行说明。图 4-5 为几种动物的推理规则。

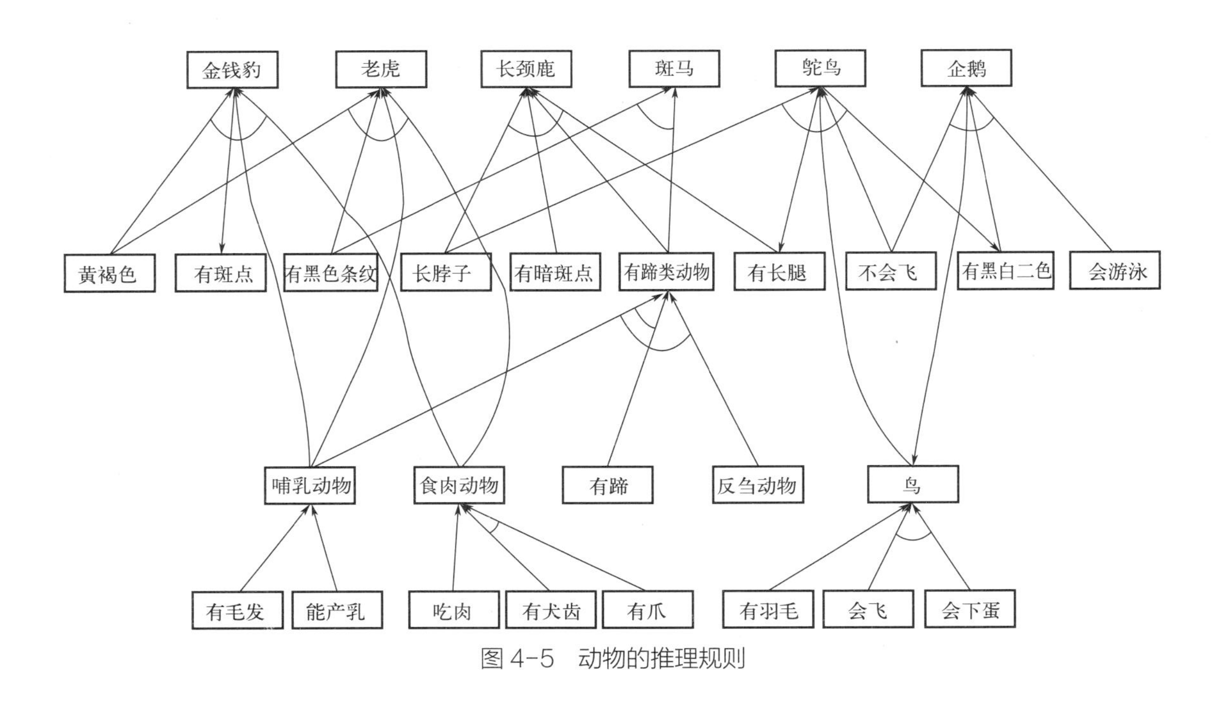
金钱豹
老虎
长颈鹿
斑马
鸵鸟
企鹅
黄褐色
有斑点
有黑色条纹
长脖子
有暗斑点
有蹄类动物
有长腿
不会飞
有黑白二色
会游泳
哺乳动物
食肉动物
有蹄
反刍动物
鸟
有毛发
能产乳
吃肉
有犬齿
有爪
有羽毛
会飞
会下蛋

图 4-5 动物的推理规则

根据图 4-5 创建规则库并存储在“rules.txt”文件中，最后一个字符为“-”时，表示结论为中间结果；最后一个字符为“*”时，表示为一种动物，知识库如下：

```
有毛发 哺乳动物 -
能产乳 哺乳动物 -
有羽毛 鸟 -
会飞 会下蛋 鸟 -
吃肉 食肉动物 -
有犬齿 有爪 眼盯前方 食肉动物 -
哺乳动物 有蹄 有蹄类动物 -
哺乳动物 反刍动物 有蹄类动物 -
哺乳动物 食肉动物 黄褐色 有暗斑点 金钱豹 *
哺乳动物 食肉动物 黄褐色 有黑色条纹 老虎 *
有蹄类动物 长脖子 有长腿 有暗斑点 长颈鹿 *
有蹄类动物 有黑色条纹 斑马 *
鸟 长脖子 有长腿 不会飞 有黑白二色 鸵鸟 *
鸟 会游泳 不会飞 有黑白二色 企鹅 *
```

根据以上的知识库，利用正向推理机制，假如已知初始事实是有毛发、吃肉、有暗斑点，判断该动物是什么动物？

首先将初始事实放入综合数据库中，然后推理机会将规则的前提与这些初始信息进行匹配，因为综合数据库中存在“有毛发”，所以成功匹配了“哺乳动物”，所以将“哺乳动物”添加到综合数据库中。同理匹配了“食肉动物”，因此继续在综合数据库中添加“食肉动物”。此时，在综合数据库中已经存在“哺乳动物”“食肉动物”“黄褐色”和“有暗斑点”等事实，因此可以增加新的事实“金钱豹”，从而得出结论：该动物是金钱豹。

利用反向推理机制，验证动物是否是“金钱豹”。根据规则，需要验证“哺乳动物”且“食肉动物”且“黄褐色”且“有暗斑点”。

首先验证“哺乳动物”，此时综合数据库中没有任何初始事实。所以查找结论含有“哺乳动物”的规则，其前提是“有毛发”。这个结果在综合数据库中也不存在，并且没有一个规则的结论包含该结果，因此向用户提问是否有毛发，当得出有毛发的事实后，可以推断出该动物属于哺乳动物，因此将“哺乳动物”加入到动态数据库中，此时第一个条件得到满足。

同理，在验证食肉动物时，综合数据库中也没有该事实，“食肉动物”规则的前提是“吃肉”，因此询问用户是否吃肉，得到肯定的回答后，将“食肉动物”加入到动态数据库中，此时第二个条件得到满足。此外，直接向用户验证“黄褐色”和“有暗斑点”是否满足，当得到肯定的答案后，它们也变为综合数据库中的事实，此时可以得出结论，该动物就是金钱豹。

4.3 专家系统 Python 实例

本实例根据以上结构创建了一个简单的基于规则的诊断专家系统，为了简化问题，没有编写知识获取程序。这个系统能通过与用户互动，根据用户的输入进行推理，并输出动物识别结果。

- 第 1 步：创建 4.2.3 小节的动物知识库。
- 第 2 步：定义读取知识库函数。创建一个空列表 rules 作为综合数据库来存储规则，创建一个空集合 conditions 来存储所有不重复推理条件，方便后续给用户提示。

```
rules = []
conditions = set()
```

定义读取函数，该函数用来读取规则库，读取规则库文件中的规则，并放入 rules 列表、conditions 集合中。

```
def readRules(filePath):
    global rules
    global conditions
    f = open(filePath, 'r',encoding='utf-8')
    for line in f:
        rule = line.strip('\n').split(' ')
        rules.append(rule)
    f.close()
    for rule in rules:
        for i in range(0,len(rule)-2):
            conditions.add(rule[i])
```

• 第 3 步：定义推理机 + 解释器函数。这一步是专家系统的核心，主要是利用用户输入的事实与综合数据库中的规则进行匹配，将匹配过程中使用到的规则输出等，包括如下步骤：

① 推理机使用用户输入的事实 facts，依次与综合数据库中的规则 rules 匹配，并记录匹配的数量。

② 若某规则的前提全被事实满足，则规则可以得到运用，使用 explains 变量记录匹配的规则，result 变量记录推理结果。

③ 规则的结论部分若为中间结果，则作为新的事实存储在综合数据库 rules 中。

④ 用更新过的事实再与其他规则的前提匹配，直到不再有可匹配的规则为止。

```
def matchRules(facts):
    global rules
    global conditions
    res = []
    description = facts.split()
    flag = 0
    result = ''
```

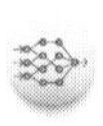

```
    explains = ''
    for rule in rules:
        same = 0
        for des in description:
            if des in rule:
                same = same + 1
        if same == len(rule) - 2:
            flag = 1
            explain = 'if '
            for i in range(0,len(rule)-1):
                if i == len(rule)-3:
                    explain = explain + str(rule[i])+' then '
                else:
                    explain = explain + str(rule[i])+' '
            explains = explains + '\n' + explain
            if rule[-1] == '-':
                description.append(rule[-2])
                result = '不确定具体是什么动物，大概率是：'+
rule[-2]
            else:
                result = '该动物是：'+ rule[-2]
    if flag == 0:
        print('不确定是什么动物')
    else:
        print(result)
        print('推理依据：'+ explains)
```

• 第 4 步：定义人机界面函数。该函数的主要作用是展示用户可输入的事实，并让用户循环输入。

```
def useui():
    print('--------动物识别系统--------')
    print('请按照规则库中的内容来描述一种动物：', end='\n')
```

```
    print('''请输入下面规则：
****************************************************''')
    j = 0
    # 规则库中的规则格式化输出
    for i in conditions:
        j += 1
        if j%5 == 1:
            print('*',end=' ')
        print("{:\u3000<6}".format(i),end='')
        if j%5 == 0:
            print('*')
    if j%5 != 0:
        print('*')
    print('****************************************\n')
    while True:
        facts = input('请输入事实（用空格隔开），输入换行结束
程序：')
        if facts == '':
            break
        matchRules(facts)
        print()
```

• 第 5 步：加载综合数据库。调用定义的 readRules 函数加载知识库 rules.txt 中的数据。

```
filePath = 'rules.txt'
readRules(filePath)
```

• 第 6 步：专家系统人机交互。参考规则表，分别输入动物特征，按回车键进行系统推理。

```
useui()
```

实例结果显示：

```
--------动物识别系统--------
请按照规则库中的内容来描述一种动物：
请输入下面规则：
*****************************************************************
* 鸟          有羽毛      有蹄类动物  有暗斑点    有犬齿      *
* 黄褐色      会飞        吃肉        会下蛋      反刍动物    *
* 有黑白二色  不会飞      哺乳动物    有爪        有毛发      *
* 食肉动物    有蹄        能产乳      会游泳      长脖子      *
* 有黑色条纹  有长腿      *
*****************************************************************

请输入事实（用空格隔开），输入换行结束程序：
```

当输入“有羽毛 会游泳 不会飞 有黑白二色”并回车时，结果显示如下：

```
该动物是：企鹅
推理依据：
if 有羽毛 then 鸟
if 鸟 会游泳 不会飞 有黑白二色 then 企鹅
```

第5章 知识图谱

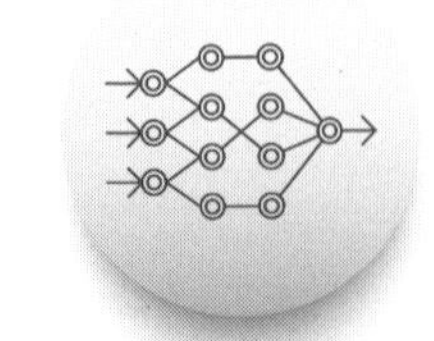

5.1 本体知识与知识图谱

5.1.1 什么是本体知识

知识图谱（knowledge graph）的早期理念源于万维网之父蒂姆·伯纳斯·李（Tim Berners-Lee）关于语义网（the semantic web）的设想，旨在采用图结构（graph structure）来建模和记录世界万物之间的关联和知识，以便有效实现更加精准的搜索。

知识图谱可以看作是本体知识表示在互联网大数据时代的一个应用。1993 年，托马斯·格鲁伯（Thomas R. Gruber）提出了本体知识表示的概念[1]。所谓本体知识表示，通俗来讲，是一种基于形式化逻辑的知识表达方式，通过描述概念之间的关系和属性来表达知识。本体知识表示的优点是能够用形式化的方式表达语义，因此其表达的知识更加准确、精细。

本体（ontology）是一个结构化的知识表示形式，用于描述某个领域的概念、数据和实体之间的关系。它包括类别、属性和关系等方面的描述，可以用来表示各种复杂的概念和关系。在本体中，一个概念可以被定义为一个类别，它有一系列的属性和关系，这些属性和关系描述了概念的各个方面。

在本体中，可以定义不同类别之间的关系，描述实体的属性和特征，从而使得不同用户或系统之间可以共享相同的语义，理解和使用相同的术语。本体也可以用于推理、分类、搜索等领域，使得计算机具备更加智能化的能力。

本体具有以下几个特征：

---

[1] Gruber T R. A Translation Approach to Portable Ontology Specifications. Knowledge Acquisition, 1993, 5(2): 199-220.

• 概念化：本体技术是一个概念化的方法，它通过将现实世界中不同领域的事物、概念和属性等转化为符号化的表示形式，使计算机可以更好地理解和处理这些概念和关系。

• 精确性：本体技术要求对概念、实体和属性等进行严格的定义和限制，以确保本体中描述的信息是准确和精确的。本体中的术语、关系和约束条件等都是非常明确的，以确保信息的准确性和易于理解。

• 形式化：本体技术是一种形式化的表示方法，其使用的术语、关系和约束条件等符合形式化的规范，可以被计算机自动处理和推理。

• 共享性：本体技术提供了一种标准化的表示方法，可以让不同的系统之间共享和交换知识。不同领域和不同应用系统的本体可以通过一些公共的知识模块来联系和交互，从而形成一个可扩展、可重用和可共享的知识库。这种知识的共享和交换将极大地促进各个领域的发展。

利用本体技术，可以将人类知识以一种精确的、机器可处理的方式表示出来，从而实现知识的自动化处理和应用。

总之，本体作为一种关于现实世界或其中某个组成部分的知识表达形式，本体目前的应用领域包括语义网、自然语言处理、软件工程、生物医学、信息学、知识管理、大数据等诸多领域。尤其是在人工智能领域中，本体技术被广泛用于语义解析、推理和知识表示方面，可以帮助机器更好地理解和应用人类语言和知识。

5.1.2 本体的构成

本体是由概念、实例和关系三个部分组成的。下面是对它们的详细说明：

概念，也称为类，是对某一领域内某一事物或概念被抽象出

来的概括性的定义。概念可以理解为代表了现实世界中的一类事物，比如“人类”“动物”“汽车”等。这些概念都有其所属的类别（也被称作“本体类”），可以根据相关的属性和关系描述它们之间的相互关系，以及它们在现实世界中扮演的角色。

实例是某一概念在现实世界中的具体表现，也可以说是对概念的具体化。例如，“张三”或“李四”可以被视为“人类”这个概念的实例，而“红旗”或“比亚迪”可以被视为“汽车”这个概念的实例。每个实例都有一些与其所属概念相关的属性和关系。

关系，也称属性，是本体中的关系描述了概念或实例之间的各种关系，例如“is-a（是一个）”“has-a（拥有）”“located-in（位于）”等。关系可以进一步扩展概念和实例之间的关系，同时也可以描述它们之间的特定属性和限制条件。

综上所述，概念、实例和关系是本体中的三个基本部分。概念代表了现实世界中的一部分，实例是这个一部分中的特定表现形式，而关系则描述了它们之间的关系和性质。本体的三个部分共同构成了一个结构化的描述，能够帮助计算机更好地理解世界。

此外，公理在本体论中也是一个重要的概念。在本体中，公理是一组用于描述特定领域内实体之间关系和性质的逻辑陈述。这些逻辑陈述经过系统化和严格化的形式化，并基于一定的逻辑规则和语言来描述。它们可以描述实体之间的属性、关系、限制、命名等。这些公理的集合就是一个本体模型，在该模型下针对该领域所进行的推理和问题求解都是基于这些公理的。公理系统也是本体在知识表示和知识管理中的一个基础。

尤其需要注意的是，在本体论中，公理不仅指被预先定义和描述的声明和规则，也包括由这些声明和规则演绎得出的理论。这些理论通常是基于前提和推论的逻辑规则得出的结论，并反映某个特定的领域内实体之间的关系。这种公理体系提供了一种形式化的途径来描述有关领域的知识，并支持基于逻辑推理的问题求解和推理过程。

5.1.3 知识图谱与三元组

知识图谱不仅包括了本体知识的概念和关系，还将互联网中的大量“碎片化”数据和信息进行了整合和链接，从而形成了更加完整和准确的知识体系。通过知识图谱，我们可以更方便地进行知识管理、知识发现、知识推理等工作，这为人工智能和智能应用的发展提供了良好的基础。

现实世界可以表达为知识图谱中的实体，比如说诸葛亮就是一个实体，政治家则是概念，他的逝世地点可以表示为一个属性，同时还能加入诸葛亮与其他人物等之间的关系，比如，实体“诸葛亮”和“五丈原”通过“逝世地”关系连接起来。

知识图谱在于语义网络中常用资源描述框架 RDF（resource description framework）来表示，用来描述互联网上资源的内容与结构。RDF 三元组（RDF triple），也称语义三元组（semantic triple）或三元组，它可以表示为 < 主体（subject），谓词（predicate），客体（object）>，如图 5-1 所示。

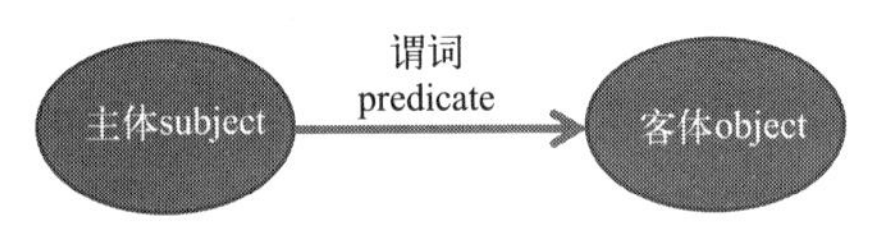

图 5-1　基本三元组模型

每个实体的属性和属性值，或者实体与其他实体之间的关系可以表示为一个三元组，构成事实或知识。如果是实体的属性和属性值构成的三元组，三个元素被称为主体、属性和属性值。

三元组的优点首先是其具有很高的灵活性，可以轻松地扩展和修改，这使它成为了一个理想的数据模型，用来描述复杂的实体之间的关系和属性。其次，三元组模型简单，每个三元组只包含三个简单的元素（主体、谓语和客体），因此它们易于理解和处理。这使得它们适合于通过自然语言处理技术解析文本和抽取实体关系。此外，三元组简单的结构使其可以被方便地存储在关系型数据库或图数据库中，并且易于进行检索、索引和修改，这使得它们在大规模的数据管理中非常有效率。最后，三元组生成的知识图谱可以展示和探索实体之间的关系和属性，这使得人们可以在图谱中更加直观地理解和发现实体之间的关系。

然而三元组也存在一些缺点，比如三元组无法表达复杂的语义关系，如逻辑、文本和推理等，这可能导致信息的不足或歧义。另外，三元组还会导致数据冗余，即在同一知识图谱中，相同的实体可能会被重复表示多次，这可能导致数据冗余和查询效率低下。三元组对数据的准确性和完整性有较高的要求，任何录入和处理错误可能导致问题和错误。

三元组表示的关系是事实性知识，即仅仅描述实体之间的关系和属性，而没有对知识进行进一步的推理和推断。由于三元组缺乏逻辑表达能力，它们通常难以支撑更复杂的逻辑推理。在知识图谱中，通过将三元组组合成更大的知识单元，以及用于表达更复杂的语义和语法的知识表示方法，来支持基于逻辑推理的推断和推理。

关于三元组存储的一个问题是其缺乏数据库可伸缩性。如果在数据库中存储和检索数百万个三元组，则该问题尤为重要。请求时间比基于经典 SQL 的数据库更长。

一个更复杂的问题是知识模型无法预测未来状态。即使领域知识都以逻辑谓词的形式可用，模型也无法回答“假设”问题。例如，假设在 RDF 格式中描述了一个带有机器人和桌子的房间。机器人知道桌子的位置，知道到桌子的距离，也知道桌子是一种家具。在机器人可以计划下一个动作之前，它需要时间推理能力。

因此，知识模型应在采取行动之前预先回答假设性的问题。

RDF 表达的知识图谱数据可以天然转换为一个有向图，在这个图中每个实体或者属性只构成图上的点，每个三元组可以看成是连接主体和客体的有向边。

有向图中以实体或其属性构成图上的起点，以对象为终点，标记为谓词的有向边。这使得 RDF 表达的知识图谱数据可以天然地转换为一个有向图。基于有向图的表示方式，还使得知识图谱可以更好地展示通过语义关联建立起的可视化分析。

图 5-2 展示了一些与动物相关的知识图谱三元组数据的图形式，其中知识图谱为有向图。

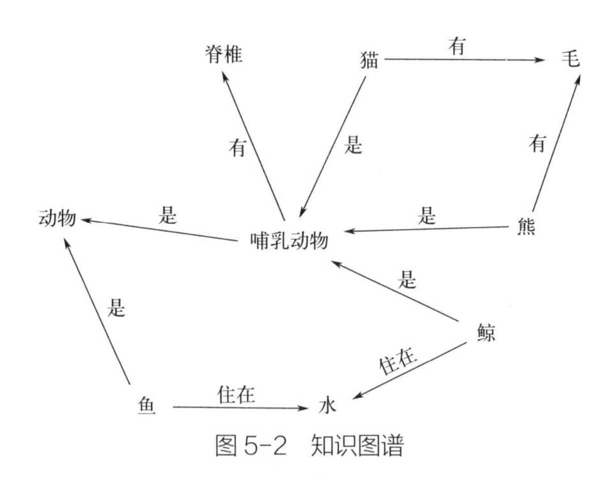

图 5-2　知识图谱

5.2　知识图谱的实现路径

5.2.1　知识图谱的构建

知识图谱的最终目的是将人类知识中的实体、概念、属性、关系等形式化表达为一个结构化的图形，以便机器能够理解和处

理。知识图谱的构建涉及知识表示与建模、知识表示学习、实体识别与链接以及实体关系学习等几方面内容，如图 5-3 所示。

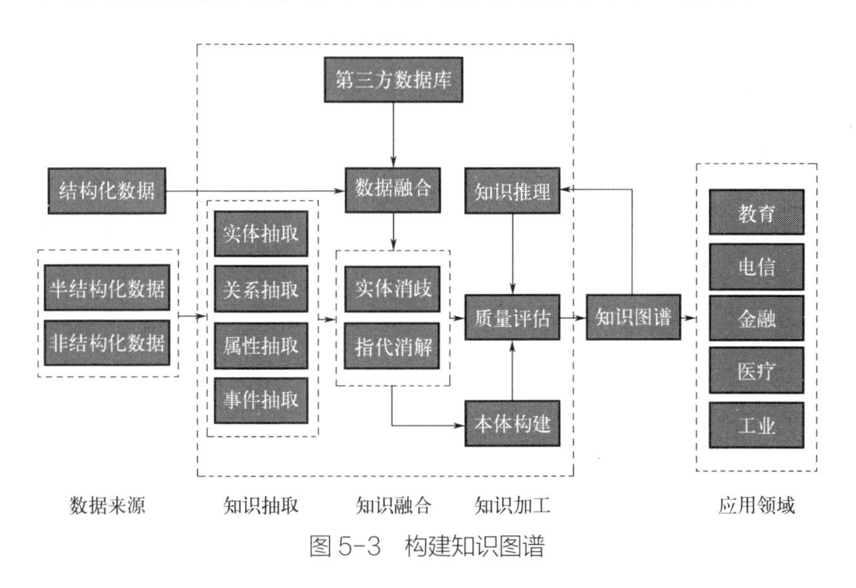

图 5-3　构建知识图谱

构建知识图谱，首先需要对知识表示与建模。知识表示包括将现实世界中的实体和事物抽象成计算机可以处理的符号或数据形式。例如，将“苹果”表示为一个实体，将“颜色”“重量”等属性表示为其他实体和属性。知识建模则是将知识表示进一步抽象并组织成知识图谱的一部分。在知识建模中，不同实体之间的概念和关系，以及其属性和值被组织成一张“谱”，成为一个结构化、图形化的知识体系。知识表示与建模是构建知识图谱的基础。通过对现实世界中的知识进行抽象和组织，可以使机器能够更好地理解和处理知识，并为知识图谱提供一个清晰、结构化的表达形式。

随着深度学习技术的快速发展，知识表示学习已经可以对实体和关系进行稠密的低维向量表示，这大大缓解了知识稀疏的问题，有助于实现知识融合，知识表示学习已经成为知识图谱中语义链接预测和知识补全的重要方法。知识表示学习不仅可以高效地进行计算，还能实现异质信息的融合，因此对于知识库的构建、推理和应用具有重要意义。

实体识别和链接是构建知识图谱的核心技术，它可以识别文本中的实体，并将它们与已有的知识库中的实体进行链接。实体通常可以从以下几个方面进行分类：

- 命名实体：指具有特定名字的实体，如人名、地名、组织机构名等。
- 时间实体：指表示时间的实体，如日期、时间、年代等。
- 数值实体：指表示数字或数量的实体，如货币、百分比、比率等。
- 事物实体：指具有现实意义的实体，如产品、电影、歌曲等。
- 抽象实体：指具有抽象概念的实体，如真理、信仰、爱情等。

实体识别和链接涉及到自然语言处理、机器学习等多个领域，是知识图谱中关键的一步。实体识别和链接可以减少知识图谱中的信息不全和不准确性的问题，并为后续的知识应用和推理提供基础。在基于知识图谱的应用中，实体识别和链接是非常重要的工具，它可以提高语义理解的准确性和效率。

实体关系学习（relation extraction）也称关系抽取，主要用于识别文本中不同实体之间的关系。实体关系学习是知识图谱中的一个重要组成部分，它可以自动地从大量的文本中提取实体之间的关系，并用于构建和补充知识图谱。

实体关系抽取一般可以分为预定义关系抽取和开放关系抽取两种方式：

- 预定义关系抽取（predefined relation extraction）：指根据特定的领域知识和领域术语，事先定义好实体之间可能存在的关系，并对文本进行抽取。它通常需要手工定义和标注关系类型，如

“雇佣”“拥有”“属于”等，然后使用监督学习等机器学习技术对这些关系进行自动抽取。预定义关系抽取具有准确性高、可解释性强等优点。

- 开放关系抽取（open relation extraction）：开放关系抽取是指从文本中抽取出实体之间的关系，而不需要事先定义或标注关系类型。开放关系抽取不需要在训练集中定义或标注与实体相关的特定关系，这种方法通常使用无监督学习或半监督学习技术，以生成一个无限制的关系类型集合。开放关系抽取具有泛化性强、解释性弱等优点。

5.2.2 知识图谱的存储、查询与推理

知识图谱的存储和查询是知识图谱技术中的两个重要方面。与传统的关系型数据库不同，为了更好地维护、管理和使用数据，通常会采用图数据的方式进行。知识图谱本质上是由实体、属性和关系组成的图结构，因此可以采用图数据库作为存储。同时，基于图数据库的查询可以充分利用图结构的特点，支持更高效地查询、推理和分析。

图数据库的存储方式，使得它能够更好地模拟人类的认知模型，即将事物视为一个个独立的实体，并描述它们之间的关系和联系。在知识图谱中，我们通常将概念和实体表示为节点，将概念和实体之间的关系表示为边，这种灵活细粒度的数据模型能够更好地反映事物之间的关系。

由于知识图谱的数据结构比较复杂，查询时需要考虑实体、属性和关系之间的多层嵌套关系，因此需要采用高效的查询方式，以优化查询效率和减少查询时间。当前大部分知识图谱的存储管理都采用了基于 RDF 模型的三元组方式，这种方式有效地解决了数据存储的问题，但是在查询时还需要考虑谓语和宾语之间的关

系，因此需要采用 SPARQL 查询语言来处理查询请求。SPARQL 是一个基于 RDF 的查询语言，支持多种查询类型，如图形模式匹配、路径搜索、关联查询和聚合查询等，可用于查询各种知识图谱应用场景。

基于符号的推理通常使用逻辑规则，这些规则可以在原有知识图谱的基础上生成新的知识和关系，从而扩展知识图谱的范围和深度。而基于统计的推理使用机器学习算法，通过挖掘数据中的规律来识别实体之间的隐含关系，从而推断出新的实体、属性和关系。与基于符号的推理相比，基于统计的推理对数据的要求较为宽松，适用于处理大规模的知识图谱数据。

知识推理在知识图谱中具有广泛的应用，例如知识补全、知识分类、知识链接预测、知识校验等。在知识补全中，推理可以通过预测一个实体与其他实体之间可能存在的关系来实现知识的自动补全。在知识链接预测中，推理可以帮助发现两个实体之间的关系，或者预测某个实体可能的关系类型。在知识校验中，推理可以用于检测知识图谱中的逻辑冲突，或者判断知识之间的一致性和完整性。因此，知识推理可以帮助人们更好地理解复杂的知识关系，为应用场景提供更加准确和完整的知识支持。

5.2.3 知识图谱的应用

知识图谱的应用是指将知识图谱应用到各种实际场景中。比如按照涉及的领域不同，知识图谱可以分为通用知识图谱和领域知识图谱。通用知识图谱是包含多领域的通用性知识的知识图谱，通常包含各种类型的实体，覆盖面广泛。领域知识图谱是针对特定领域和应用场景而定制的知识图谱，例如，教育行业的教育知识图谱、医疗行业的医疗知识图谱、金融行业的金融知识图谱等。

领域知识图谱通常包含特定领域的实体、属性和关系，以及领域专业知识和规则等信息，帮助提高相关领域的知识处理和智能决策效率。

如果按照特定的任务进行划分，知识图谱可以分为以下一些应用：

- 问答系统：基于知识图谱的问答系统可以回答用户的自然语言问题。
- 智能推荐：基于知识图谱的智能推荐系统可以根据用户的兴趣和喜好推荐相应的信息、产品或服务。
- 搜索引擎：基于知识图谱的搜索引擎可以为用户提供更准确和全面的搜索结果。
- 语义分析：知识图谱可以用于语义分析，有助于理解自然语言文本，并将其与知识图谱中的实体和概念相关联。
- 智能对话：基于知识图谱的智能对话系统可以模拟人类的对话，自动回答用户的问题或进行交互。

近年来，将知识图谱和图神经网络结合起来进行建模和分析已经受到了广泛的研究。知识图谱是一种结构化的，用于表示现实世界中实体之间复杂关系的数据表示形式。图神经网络（graph neural network，GNN）是一种深度学习框架，用于处理图结构数据，如图 5-4 所示。将知识图谱和图神经网络结合起来，可以把图结构和属性信息结合起来用于知识推理和预测，进一步提高知识图谱的效率和准确性。

具体而言，知识图谱和图神经网络的结合主要可以从以下三个方面为知识图谱带来增强效果。

① 可以通过节点嵌入技术把每个实体转化为向量表示，并将这些向量用于知识推理和分类。

② 能够捕捉实体之间的结构信息，特别是对于开放领域的知

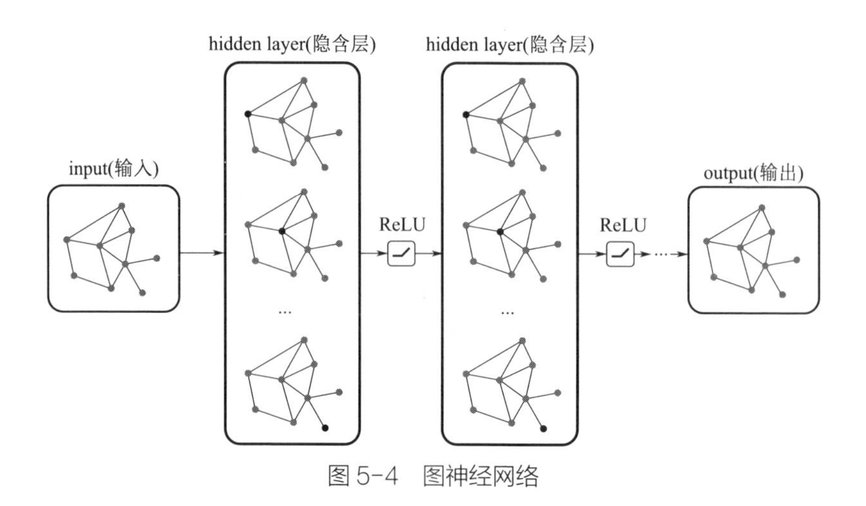

图 5-4　图神经网络

识图谱，能够处理实体之间的多层次关系，从而更好地利用不同类型的实体关系。

③ 可以融合知识图谱中的属性信息和图结构信息，在使用图神经网络进行推理的同时，考虑实体属性之间的关系。

5.3　知识图谱的 Python 实例

（1）代码实战 1

本节内容以《三国演义》中的部分人物关系为例，使用 NetworkX 库生成人物关系图知识图谱。NetworkX 是复杂网络研究领域中的常用 Python 库，可以创建节点、关系等，生成有向或无向图。

① 导入所需要的库。

```
import networkx as nx
import matplotlib.pyplot as plt
plt.rcParams['font.family'] = ['SimHei']
```

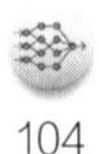

② 设置清晰度。

```
#### 默认设置下 matplotlib 图片清晰度不够，可以将图设置成矢量格式
%config InlineBackend.figure_format = 'svg'
```

③ 创建空的有向无环图。

```
G = nx.DiGraph()
```

④ 添加关系边。

```
G.add_edge(" 关羽 ", " 刘备 ", relationship=" 义弟 ")
G.add_edge(" 张飞 ", " 刘备 ", relationship=" 义弟 ")
G.add_edge(" 刘备 ", " 诸葛亮 ", relationship=" 主公 ")
G.add_edge(" 甘氏 ", " 刘备 ", relationship=" 妻 ")
G.add_edge(" 关平 ", " 关羽 ", relationship=" 义子 ")
G.add_edge(" 刘婵 ", " 刘备 ", relationship=" 儿子 ")
G.add_edge(" 黄月英 ", " 诸葛亮 ", relationship=" 妻 ")
```

⑤ 生成关系图。

```
pos = nx.spring_layout(G)
nx.draw_networkx_nodes(G, pos, node_size = 500, node_
color="gray")
nx.draw_networkx_edges(G, pos,width = 0.5)
nx.draw_networkx_labels(G, pos, font_size = 8, font_
family="SimHei")
edge_labels = nx.get_edge_attributes(G, "relationship")
nx.draw_networkx_edge_labels(G, pos, edge_labels=edge_
labels, font_size = 8, font_family="SimHei")
plt.axis("off")
plt.show()
```

《三国演义》中的部分人物关系的知识图谱如图 5-5 所示。

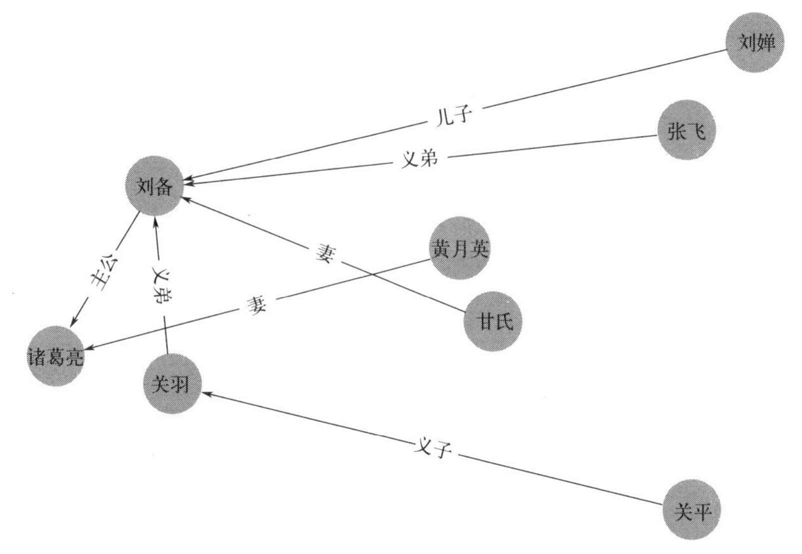

图 5-5　《三国演义》中的部分人物关系的知识图谱

（2）代码实战 2

将《三国演义》中的人物关系整理在 triples.csv 文件中，如图 5-6 所示，使用 pandas 库读取文件生成人物关系图。

	A	B	C
1	人物1	人物2	关系
2	关羽	刘备	义弟
3	张飞	刘备	义弟
4	关羽	张飞	义兄
5	张苞	张飞	儿子
6	关兴	关羽	儿子
7	关平	张苞	结拜
8	关平	关羽	义子
9	卢植	刘备	师傅
10	公孙瓒	刘备	朋友
11	甘氏	刘备	妻
12	刘禅	甘氏	儿子
13	诸葛瞻	刘禅	女婿
14	诸葛瞻	诸葛亮	儿子

图 5-6　triples.csv 部分内容截图

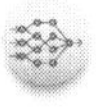

① 导入所需要的库。

```
import networkx as nx
import matplotlib.pyplot as plt
plt.rcParams['font.family'] = ['SimHei']
import pandas as pd
```

② 设置清晰度。

```
#### 默认设置下 matplotlib 图片清晰度不够，可以将图设置成矢量格式
%config InlineBackend.figure_format = 'svg'
```

③ 创建空的有向无环图。

```
G = nx.DiGraph()
```

④ 读取文件。

```
data = pd.read_csv('triples.csv',encoding = 'gbk')
items =data.values.tolist()# 将三元组转换为列表形式
```

⑤ 添加关系边。

```
# 提取人物 1、人物 2、关系，添加关系边
for subj1, subj2, rel in items:
   G.add_edge(subj1, subj2, relationship=rel)
```

⑥ 生成关系图。

```
pos = nx.spring_layout(G)
nx.draw_networkx_nodes(G, pos, node_size = 500, node_color="gray")
nx.draw_networkx_edges(G, pos,width = 0.5)
nx.draw_networkx_labels(G, pos, font_size = 8, font_family="SimHei")
```

```
edge_labels = nx.get_edge_attributes(G, "relationship")
nx.draw_networkx_edge_labels(G, pos, edge_labels=edge_
labels, font_size = 8, font_family="SimHei")
plt.axis("off")
plt.show()
```

新增的《三国演义》中的部分人物关系的知识图谱如图 5-7 所示。

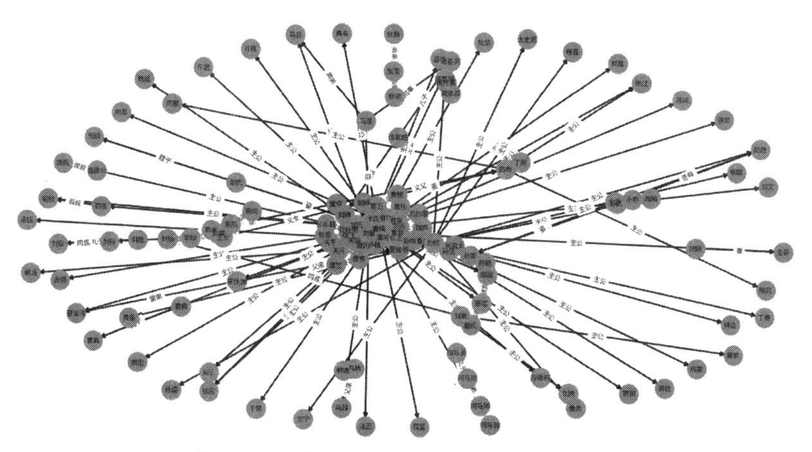

图 5-7 《三国演义》中的部分人物（新增）关系的知识图谱

第 6 章 Neo4j 入门

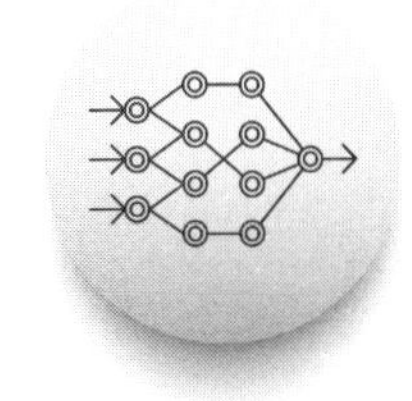

本章将通过简单的案例，学习如何开展Neo4j的知识图谱项目学习。Neo4j是一款高性能的图形数据库，具有处理大规模、复杂的结构化数据能力，被广泛应用于社交网络、推荐系统、网络安全、生物信息学、物联网、金融等领域（关于图数据库的基本知识参见附录A）。

Neo4j使用图形数据模型，而不是传统的表格数据模型。数据存储在节点之间，节点与节点之间的关系用边表示。相比于传统的关系型数据库，Neo4j具有更优秀的扩展性、更高效的查询速度，可以进行更多的数据分析和探索。同时，Neo4j采用Cypher语言进行查询，使得对图数据的查询变得更加直观、易于理解和编写。

热身案例：根据表6-1与表6-2提供的信息，完成如图6-1所示的《三国演义》人物关系知识图谱。

表6-1　故事人物信息表

人物	别名	年龄	资产	故事
刘备	玄德	47	110000	桃园三兄弟
关羽	云长	48	50000	桃园三兄弟
张飞	—	43	900	桃园三兄弟
赵云	—	—	—	—
徐庶	—	—	—	—
曹操	—	—	—	—
司马徽	—	—	—	—
诸葛亮	—	—	—	—

表6-2　故事人物关系表

人物	对象	关系
刘备	关羽	兄长
	张飞	兄长

续表

人物	对象	关系
刘备	赵云	主公
	徐庶	欣赏
	曹操	对手
	司马徽	欣赏
司马徽	诸葛亮	认识

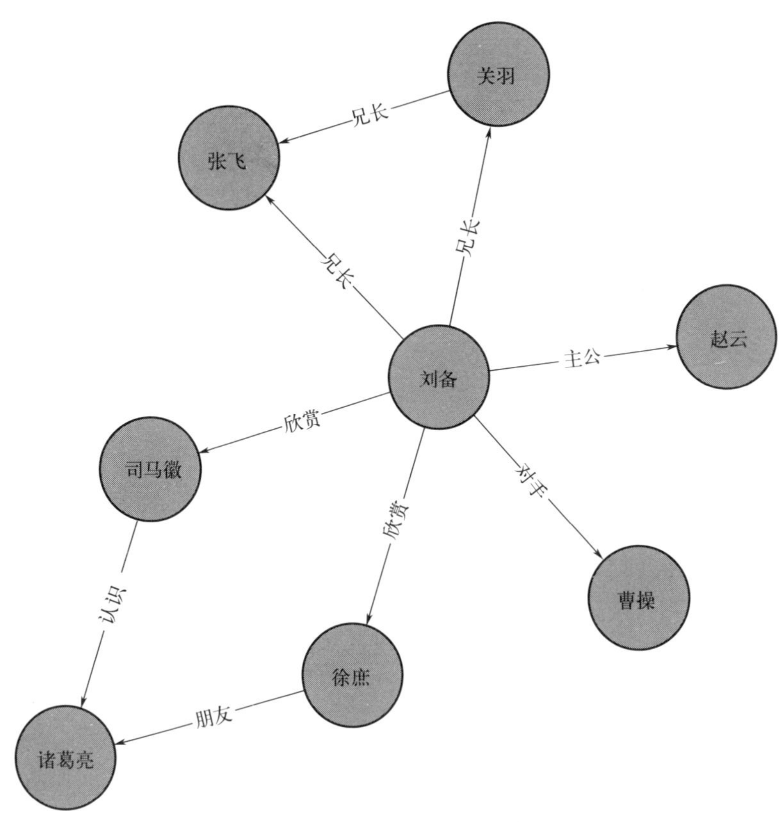

图 6-1 《三国演义》人物关系图

6.1 Neo4j 环境准备

6.1.1 创建数据库

通过官网下载 Neo4j 桌面版[1]，开始创建数据库。

- 第 1 步：新建项目，如图 6-2 所示。

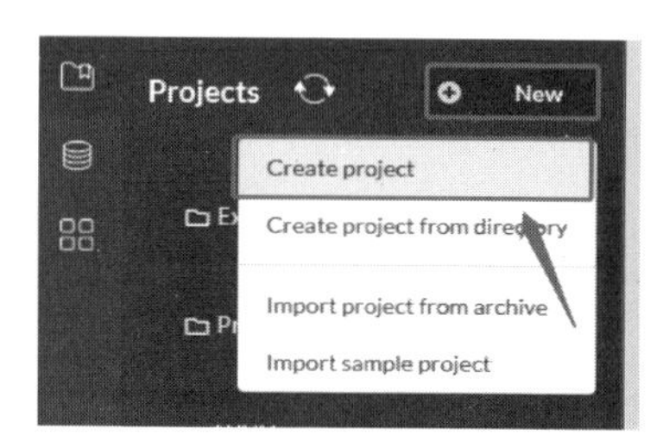

图 6-2　新建项目

- 第 2 步：修改项目名称，如图 6-3 所示。

图 6-3　修改项目名称

- 第 3 步：在项目中新增数据库，如图 6-4 所示。

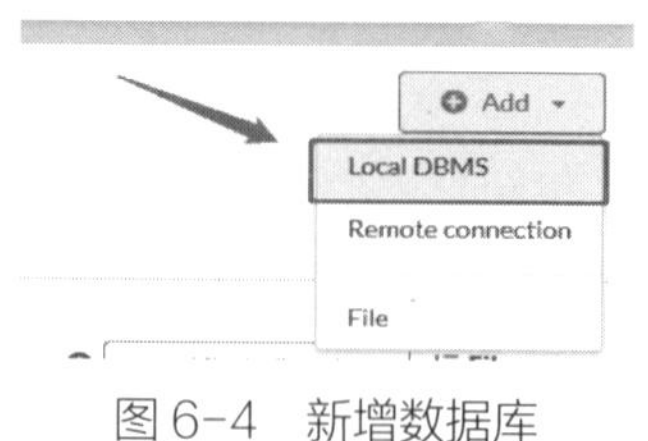

图 6-4　新增数据库

- 第 4 步：修改数据库名称和密码，创建数据库，如图 6-5 所示。

[1] 基础入门推荐桌面版。

图 6-5　创建数据库

6.1.2　运行数据库

数据库创建完毕后，接下来开始运行数据库。

- 第 1 步：启动数据库，如图 6-6 所示。

图 6-6　启动数据库

- 第 2 步：打开数据库，如图 6-7 所示。

图 6-7　打开数据库

- 第 3 步：了解数据库界面，如图 6-8 所示。

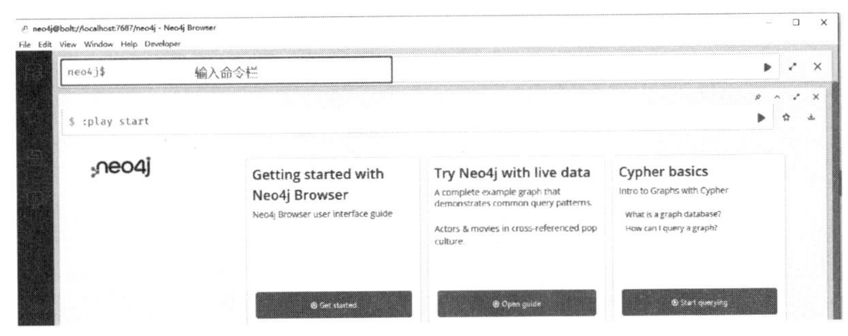

图 6-8　数据库界面

6.2 常用语句格式

本项目采用 Cypher Query Language（简称 CQL）作为查询语言。CQL 代表图形查询语言，就像图形的 SQL。以下是 CQL 的主要特点：

- 是 Neo4j 图形数据库的查询语言。
- 是一种声明性模式匹配语言。
- 遵循类似 SQL 的语法。
- 语法非常简单，并且是人类可读的格式。
- 具有执行数据库操作的命令。
- 支持许多子句，例如 WHERE、ORDER BY 等，可以轻松编写非常复杂的查询。
- 支持 String、Aggregation 等一些功能，还支持一些关系函数。

6.2.1 数据的创建

（1）创建英雄人物节点及其属性

常见格式：

```
create(节点名:节点标签名{节点属性名:属性值})
```

示例语句：

```
create(n:person{name:"刘备"})
```

结果如图 6-9 所示。

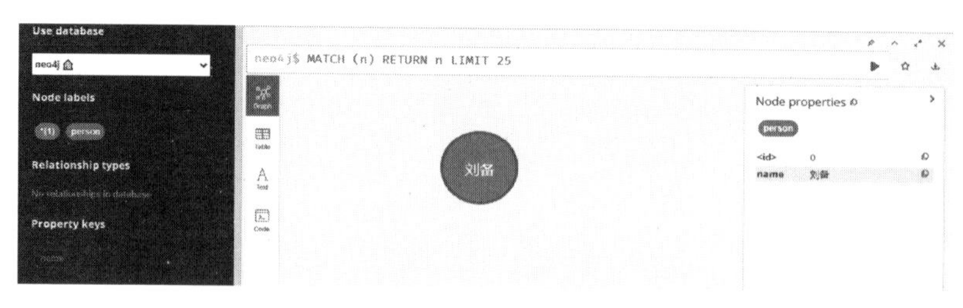

图 6-9 创建英雄人物节点及其属性效果图

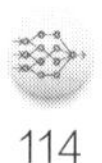

（2）创建英雄人物节点之间的关系

常见格式：

```
create （自定义节点名1:节点标签{节点属性名:属性值})-[:关系标签名]->[1](自定义节点名2:节点标签{节点属性名:属性值})
return 自定义节点名1,自定义节点名2
```

示例语句：

```
create (a:person{name:'刘 备'})-[:兄 长]->(b:person{name:'关羽'}) return a,b
```

结果如图6-10所示。

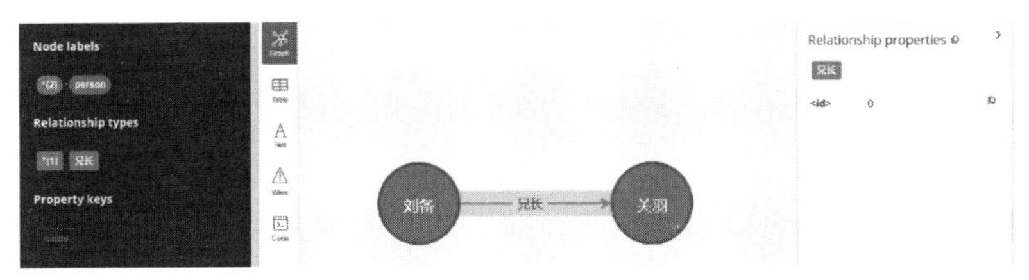

图6-10 创建英雄人物节点之间的关系效果图

（3）创建英雄人物节点之间关系的属性

常见格式：

```
create （自定义节点名1:节点标签{节点属性名:属性值})-[:关系标签名{关系属性名:关系属性值}]->(自定义节点名2:节点标签{节点属性名:属性值}) return 自定义节点名1,自定义节点名2
```

示例语句：

```
create (a:person{name:'刘 备'})-[:兄 长{原 因:"结 拜"}]->(b:person{name:'关羽'}) return a,b
```

---

[1] 注意：关系指向由箭头“>”或者“<”决定，箭头两端的自定义节点名不能相同。

结果如图 6-11 所示。

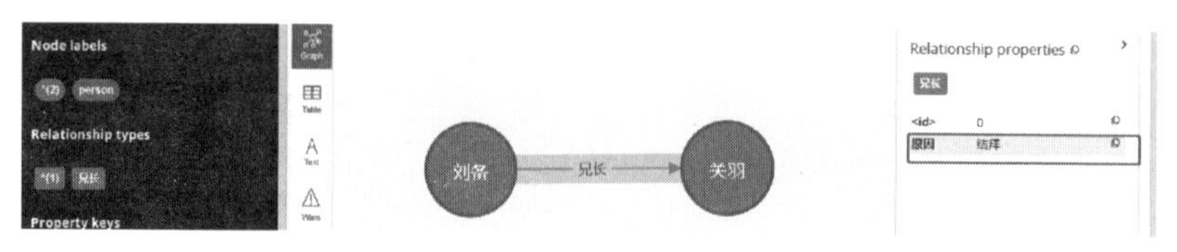

图 6-11　创建英雄人物节点之间关系的属性效果图

6.2.2　数据的修改

（1）给刘备添加别名为“玄德”的属性

常见格式：

```
match（自定义节点名：节点标签{节点属性名：属性值}）set 自定义节点名.添加的别名属性=添加的别名属性值 return 自定义节点名
```

示例语句：

```
match (n:person{name:'刘备'}) set n.othername='玄德' return n
```

结果如图 6-12 所示。

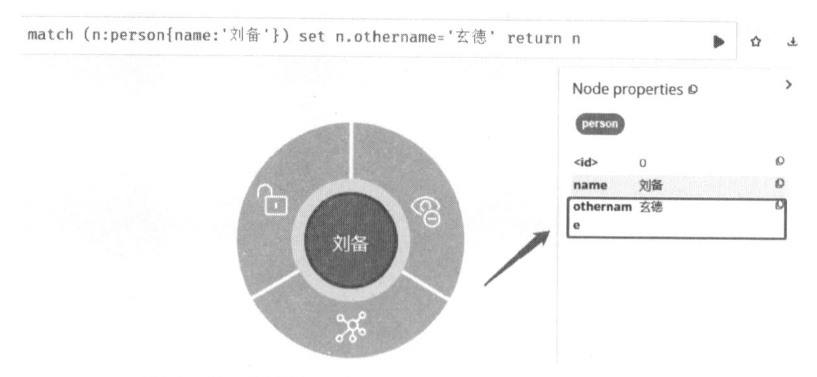

图 6-12　给刘备添加别名为“玄德”的属性效果图

（2）将关羽的别名属性更改为“云长”（图 6-13）

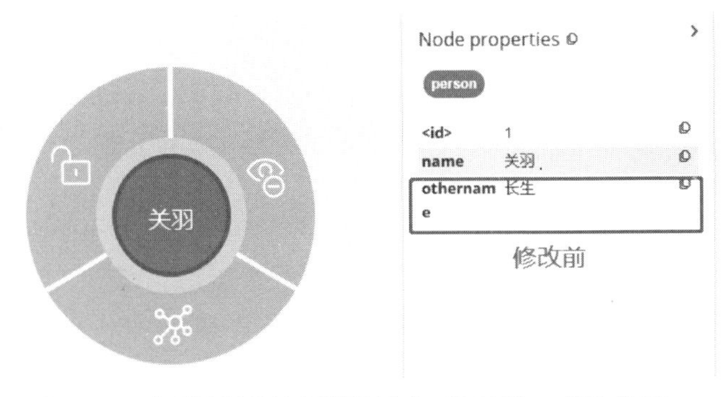

图 6-13　将关羽的别名属性更改为“云长”- 修改前图

常见格式：

```
match (自定义节点名:节点标签{节点属性名:属性值}) set 自定义节点名.需要更改的属性名=需要更改的属性值 return 自定义节点名
```

示例语句：

```
match (n:person{name:'关羽'}) set n.othername='云长' return n
```

结果如图 6-14 所示。

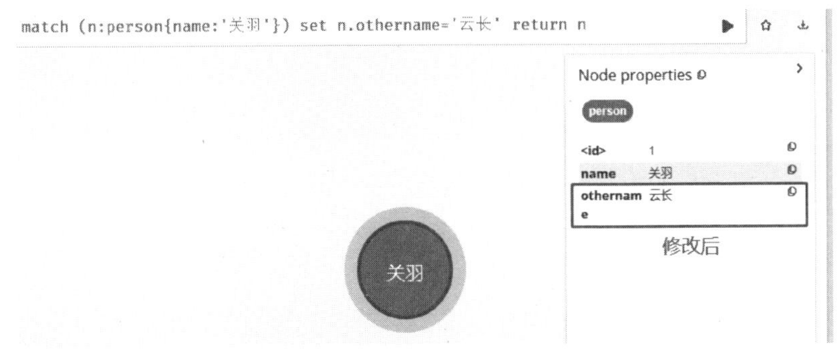

图 6-14　将关羽的别名属性更改为“云长”- 修改后效果图

6.2.3 数据的删除

（1）删除“张飞”孤立节点（图 6-15）

在 Neo4j 中，删除节点的前提是该节点和其他节点之间没有关系，为孤立节点。如果不是孤立节点，必须先删除关系，才能成功删除节点。

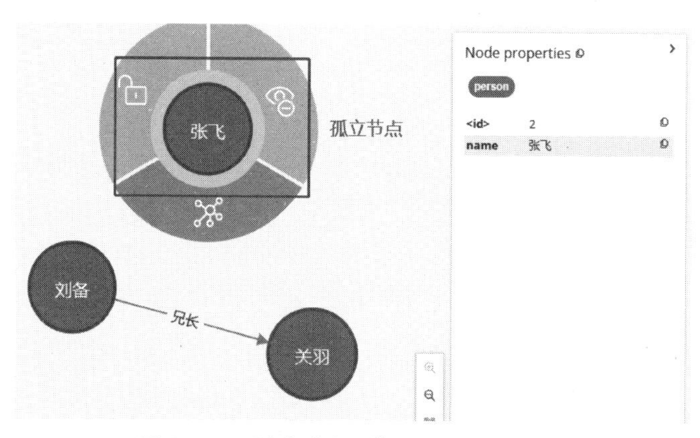

图 6-15 删除“张飞”孤立节点效果图

• 方法①：通过 id 删除。

常见格式：

```
match( 节点名 : 节点标签名 ) where id( 节点名 )=id 值 delete
节点名
```

示例语句：

```
match(n:person) where id(n)=2 delete n
```

• 方法②：通过属性值删除。

常见格式：

```
match( 节点名 : 节点标签名 { 节点属性名 :' 属性值 '}) delete
节点名
```

示例语句：

```
match(n:person{name:'张飞'}) delete n
```

（2）删除刘备和关羽之间的关系（图 6-16）。

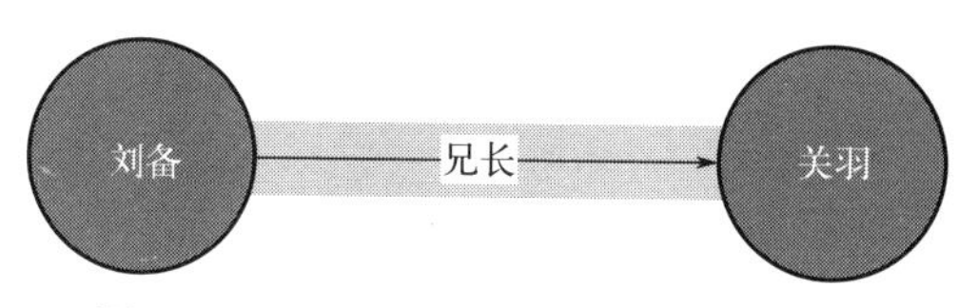

图 6-16　刘备和关羽之间的关系效果图

常见格式：

```
match(自定义节点名1:节点标签名{节点属性名:'属性值'})-[关系自定义名称:关系标签名]-(自定义节点名2:节点标签名{节点属性名:'属性值'}) delete 关系自定义名称
```

示例语句：

```
match(n:person{name:'刘备'})-[r:兄长]-(m:person{name:'关羽'}) delete r
```

（3）删除刘备的别名属性（图 6-17）

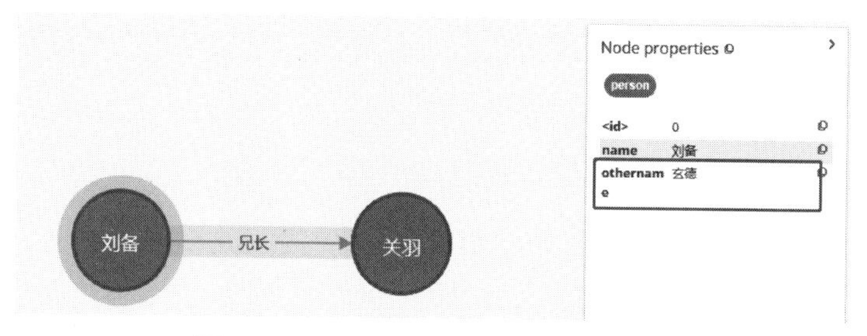

图 6-17　删除刘备的别名属性效果图

常见格式：

```
match(自定义节点名:节点标签名{节点属性名:'属性值'})remove 自定义节点名.需要删除的节点属性名 return 自定义节点名
```

示例语句：

```
match (n:person{name:'刘备'}) remove n.othername return n
```

结果如图 6-18 所示。

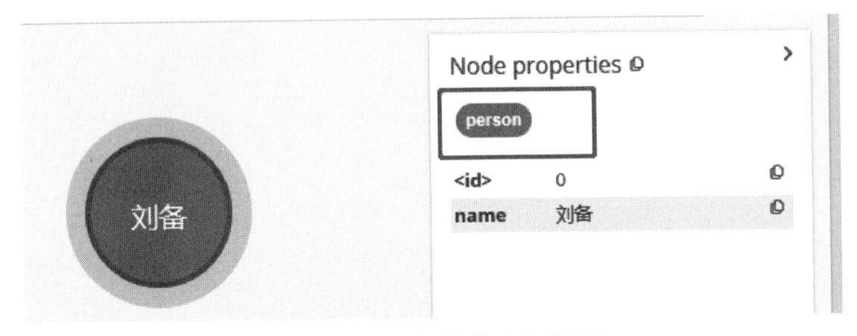

图 6-18 刘备的节点标签图

（4）删除刘备的节点标签

常见格式：

```
match(自定义节点名：节点标签名{节点属性名：'属性值'}) remove 自定义节点名：需要删除的节点标签名 return 自定义节点名
```

示例语句：

```
match(n:person{name:'刘备'}) remove n:person return n
```

（5）删除数据库所有节点和关系

常见格式：

```
match (自定义节点名) detach delete 自定义节点名
```

示例语句：

```
match (n) detach delete n
```

6.2.4 数据的查询

（1）查看数据库

常见格式：

```
match(自定义节点名) return 自定义节点名
```

示例语句：

```
match(n) return n
```

结果如图 6-19 所示。

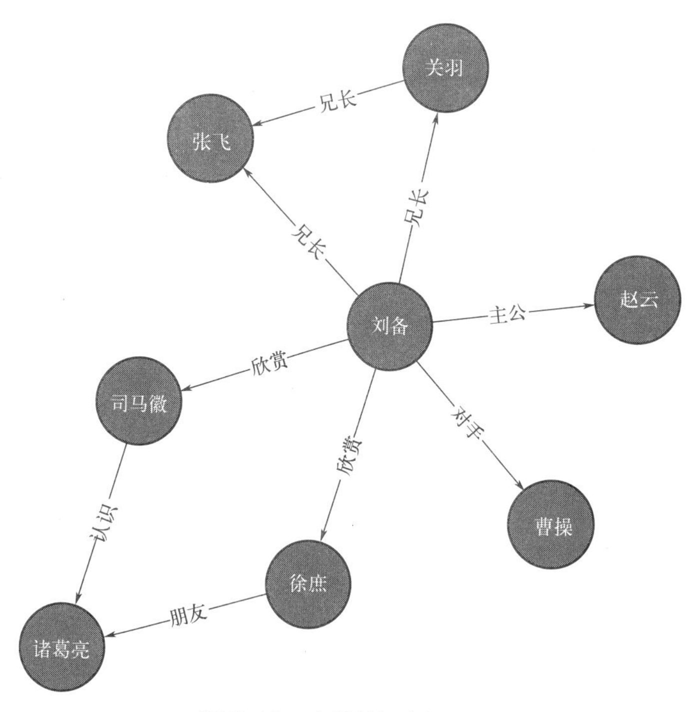

图 6-19　查看数据库效果图

（2）查询节点

① 查询图谱中别名是“好好先生”的人物（查询指定属性值范围的节点）。

常见格式：

```
match(节点名) where 节点名.属性=属性值 return 节点名
```

示例语句：

```
match(n) where n.othername='好好先生' return n
```

结果如图 6-20 所示，图谱中别名是“好好先生”的人物是司马徽。

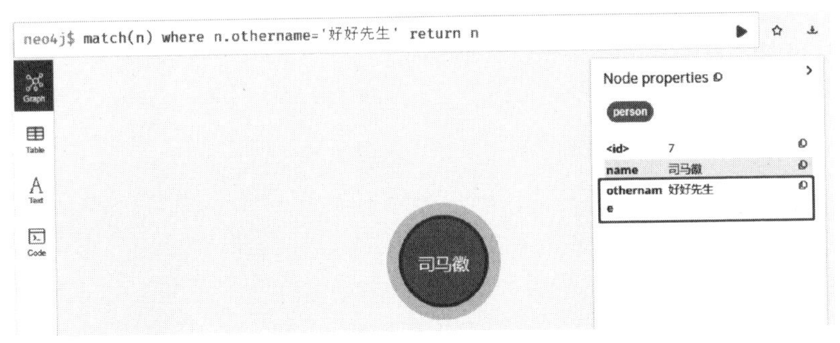

图 6-20　查询图谱中别名是好好先生的人物效果图

② 查询与司马徽有关系的人物（查询跟指定节点有关系的节点）。

常见格式：

```
match(自定义节点名1)--(自定义节点名2:节点标签名{节点属性名:属性值}) return 自定义节点名1
```

示例语句：

```
match(n)--(m:person{name:'司马徽'}) return n
```

结果如图 6-21 所示，与司马徽有关系的人物是刘备和诸葛亮。

（3）查询别名为云长的人物（查询属性）

常见格式：

```
MATCH (节点名:节点标签名{节点属性:查询的属性值}) RETURN 节点名
```

图 6-21　查询与司马徽有关系的人物效果图

示例语句：

```
MATCH (n:person{othername:'云长'}) RETURN n
```

结果如图 6-22 所示，别名为云长的人物是关羽。

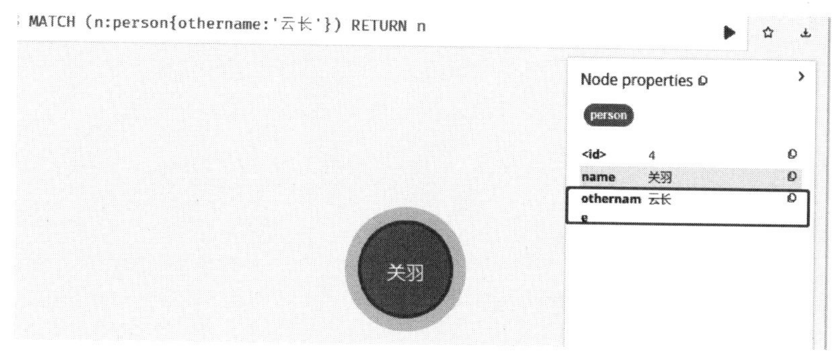

图 6-22　查询别名为云长的人物效果图

（4）查询刘备欣赏的人物（查询关系）

常见格式：

```
MATCH (自定义节点名1:节点标签名{节点属性名:属性值})-[:查询的关系名]->(自定义节点名2) RETURN 自定义节点名2
```

示例语句：

```
MATCH (a:person{name:'刘备'})-[:欣赏]->(b) RETURN b
```

结果如图 6-23 所示，刘备欣赏的人物是司马徽和徐庶。

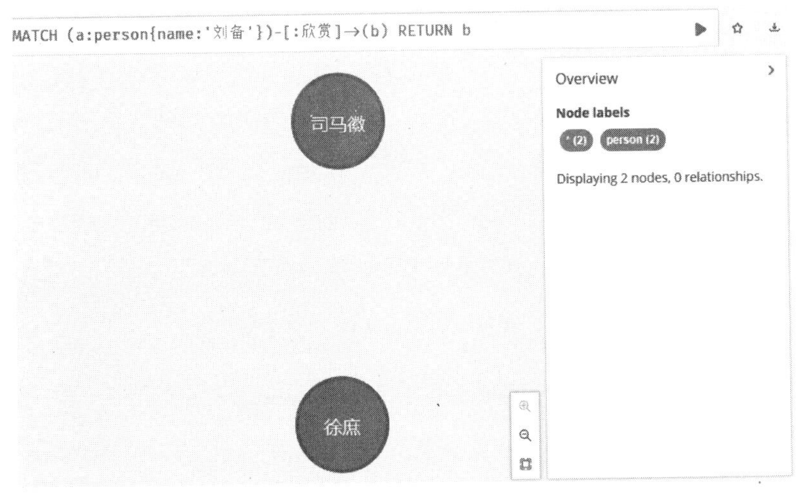

图 6-23　查询刘备欣赏的人物效果图

（5）查询刘备认识诸葛亮的所有方法（查询所有路径）

常见格式：

```
MATCH (自定义节点名1:节点标签名 {节点属性名:属性值}),(自定义节点名2:节点标签名 {节点属性名:属性值}),自定义节点名3=allshortestpaths((自定义节点名1)-[*..10]-(自定义节点名2)) RETURN 自定义节点名3
```

示例语句：

```
MATCH (p1:person {name:"刘备"}),(p2:person{name:"诸葛亮"}),p=allshortestpaths((p1)-[*..10]-(p2)) RETURN p
```

结果如图 6-24 所示，刘备认识诸葛亮的方法有两种。第一种：刘备通过司马徽介绍，进而认识诸葛亮；第二种：刘备通过徐庶介绍，进而认识诸葛亮。

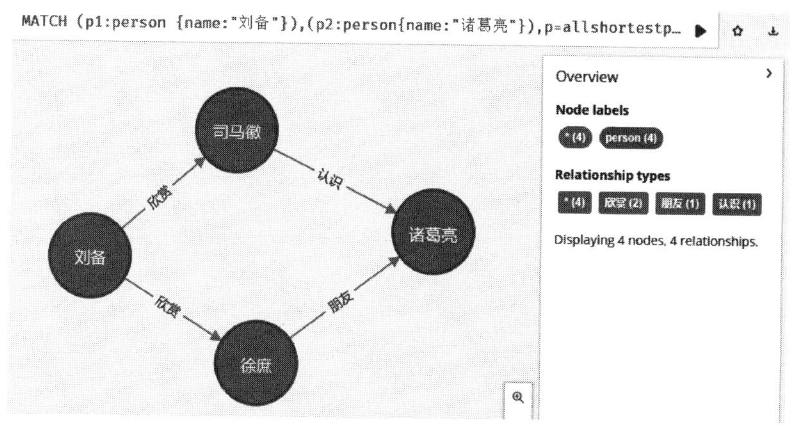

图 6-24　查询刘备认识诸葛亮的所有方法效果图

（6）查询关羽认识诸葛亮的最短方法（查询最短路径）

常见格式：

```
MATCH(自定义节点名1:节点标签名 {节点属性名:属性值}),(自定义节点名2:节点标签名 {节点属性名:属性值}),自定义节点名3=shortestpath((自定义节点名1)-[*..路径深度]-(自定义节点名2)) RETURN 自定义节点名3
```

示例语句：

```
MATCH (p1:person {name:"关羽"}),(p2:person{name:"诸葛亮"}),p=shortestpath((p1)-[*..10]-(p2)) RETURN p
```

结果如图 6-25 所示，关羽认识诸葛亮的最短方法是：关羽通过刘备介绍，认识司马徽，再认识诸葛亮。

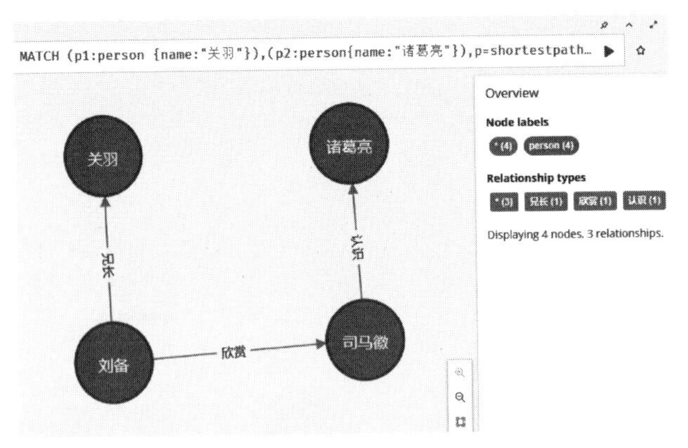

图 6-25　查询关羽认识诸葛亮的最短方法效果图

（7）查询刘备有多少位兄弟（查询计数）

常见格式：

```
MATCH（自定义节点名1:节点标签名{节点属性名:属性值})-[查询的关系名:关系标签]-(自定义节点名2) return count(查询的关系名) AS 表格字段
```

示例语句：

```
MATCH (n:person{name:'刘备'})-[r:兄长]-(m) return count(r) AS 兄弟数目
```

结果如图 6-26 所示，刘备有 2 位兄弟。

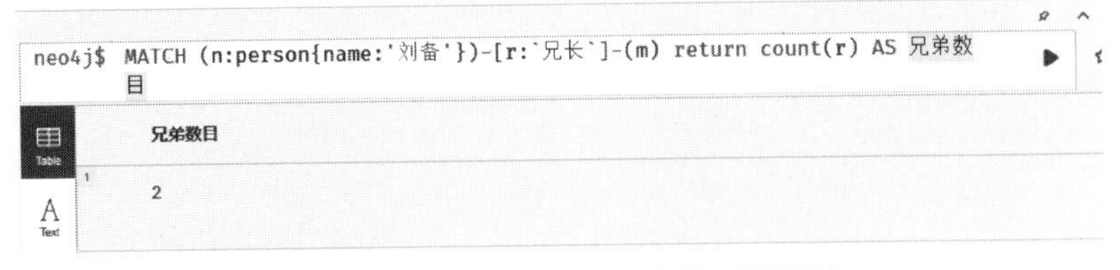

图 6-26　查询刘备的兄弟数目效果图

（8）查询图谱中“桃园三兄弟”的总资产（查询总数）

常见格式：

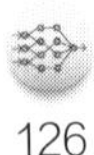

```
MATCH (节点名:节点标签名{节点属性名:属性值}) RETURN SUM(节点名.节点属性名) as 表格字段
```

示例语句：

```
MATCH (n:person{story:'桃园三兄弟'}) RETURN SUM(n.property) as 总资产
```

结果如图 6-27 所示，“桃园三兄弟”的总资产为 160900。

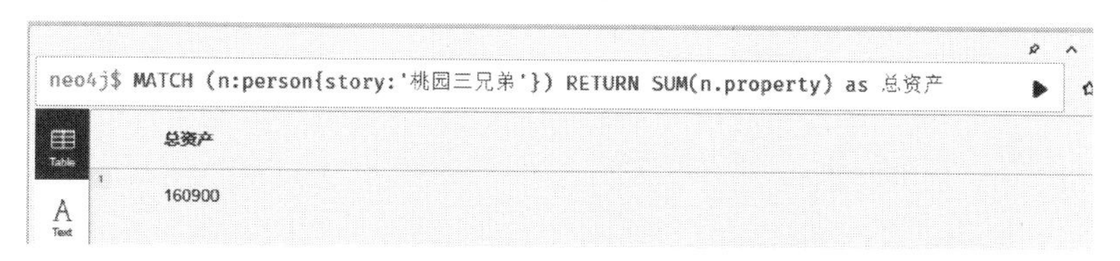

图 6-27　查询图谱中“桃园三兄弟”的总资产效果图

（9）查询图谱中“桃园三兄弟”的平均年龄（查询平均数）

常见格式：

```
MATCH (节点名:节点标签名{节点属性名:属性值}) RETURN avg(节点名.节点属性名) as 表格字段
```

示例语句：

```
MATCH (n:person{story:'桃园三兄弟'}) RETURN avg(n.age) as 平均年龄
```

结果如图 6-28 所示，“桃园三兄弟”的平均年龄为 46.0 岁。

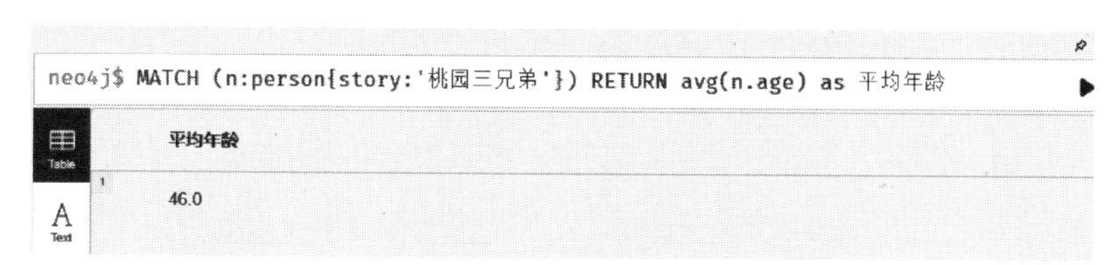

图 6-28　查询图谱中“桃园三兄弟”的平均年龄效果图

（10）查询“桃园三兄弟”的年龄，并按照年龄从大到小进行排列（查询结果排列）

常见格式：

```
MATCH (节点名:节点标签名{节点属性名:属性值}) RETURN 节点名.节点属性名1 as 表格字段1, 节点名.节点属性名2 as 表格字段2 ORDER BY 节点名.需要排序的节点属性名 DESC降序 / ASC升序
```

示例语句：

```
MATCH (n:person{story:'桃园三兄弟'}) RETURN n.name as 姓名, n.age as 年龄 ORDER BY n.age DESC
```

结果如图 6-29 所示，“桃园三兄弟”的年龄从大到小分别是关羽（48 岁）、刘备（47 岁）、张飞（43 岁）。

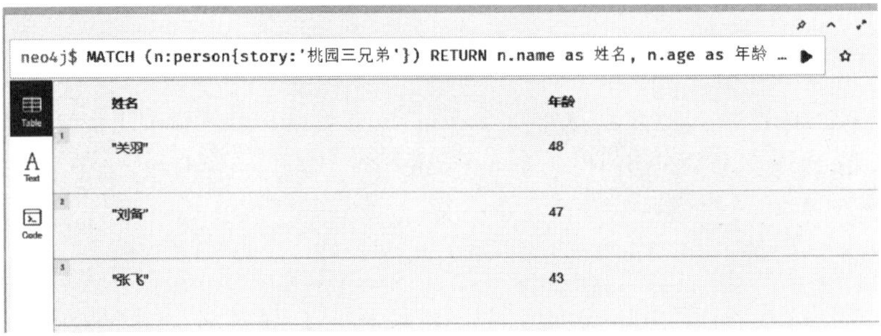

neo4j$ MATCH (n:person{story:'桃园三兄弟'}) RETURN n.name as 姓名, n.age as 年龄 ...

	姓名	年龄
1	"关羽"	48
2	"刘备"	47
3	"张飞"	43

图 6-29　查询“桃园三兄弟”的年龄，并按照年龄从大到小进行排列效果图

6.3　Neo4j 的经典解决方案

图数据库可以将关系信息存储为实体，以帮助我们建立和查询数据之间的关联。接下来，以 Noe4j 图数据库为例，介绍图数据库的数据探索之旅。

6.3.1 金融风控应用：欺诈监测

背景：传统的欺诈监测技术因为依托离散分析技术，往往会造成错报、漏报的情况，欺诈团伙意识到并通过技术“钻空子”。

意义：可以通过图技术，不再关注单个数据点，而关注数据点之间的连接，可以实现欺诈监测的效果。比如，虽然欺诈团伙银行账户、信用卡号等表征信息不一样，但是如果通过图技术，查询到他们背后的居住地址、联系电话、邮箱地址的某些属性是一致的，即可确定为监测对象。实现后，不仅可以对于团伙的关联信息进行披露，还可以大大加速审核的流程和提高自动化监测的程度。

在图 6-30“银行欺诈监测”图谱中，通过查找有共享信息的用户，并按照人群数目、财务风险从高到低排列，并显示风险对象和关联信息的类型。结果显示如表 6-3 所示。

表 6-3　共享信息的用户风险表

信用风险对象	关联类型	人群数目	财务风险
“徐某”“陈某某”“李某某”	居住地址	3	34387
“徐某”“陈某某”	邮箱地址	2	29387
“陈某某”“李某某”	联系电话	2	18046

根据表 6-3 可知，陈某某和李某某的联系电话一致；徐某和陈某某的邮箱地址一致；徐某、陈某某、李某某的居住地址一致，信用风险程度高，这三位用户很大可能是欺诈团伙。

6.3.2 社交网络应用：推荐系统

背景：随着电子商务和社交媒体平台的快速发展，用户容易在数据海中迷失自我，常常需要花大量精力和时间搜索，偶尔还

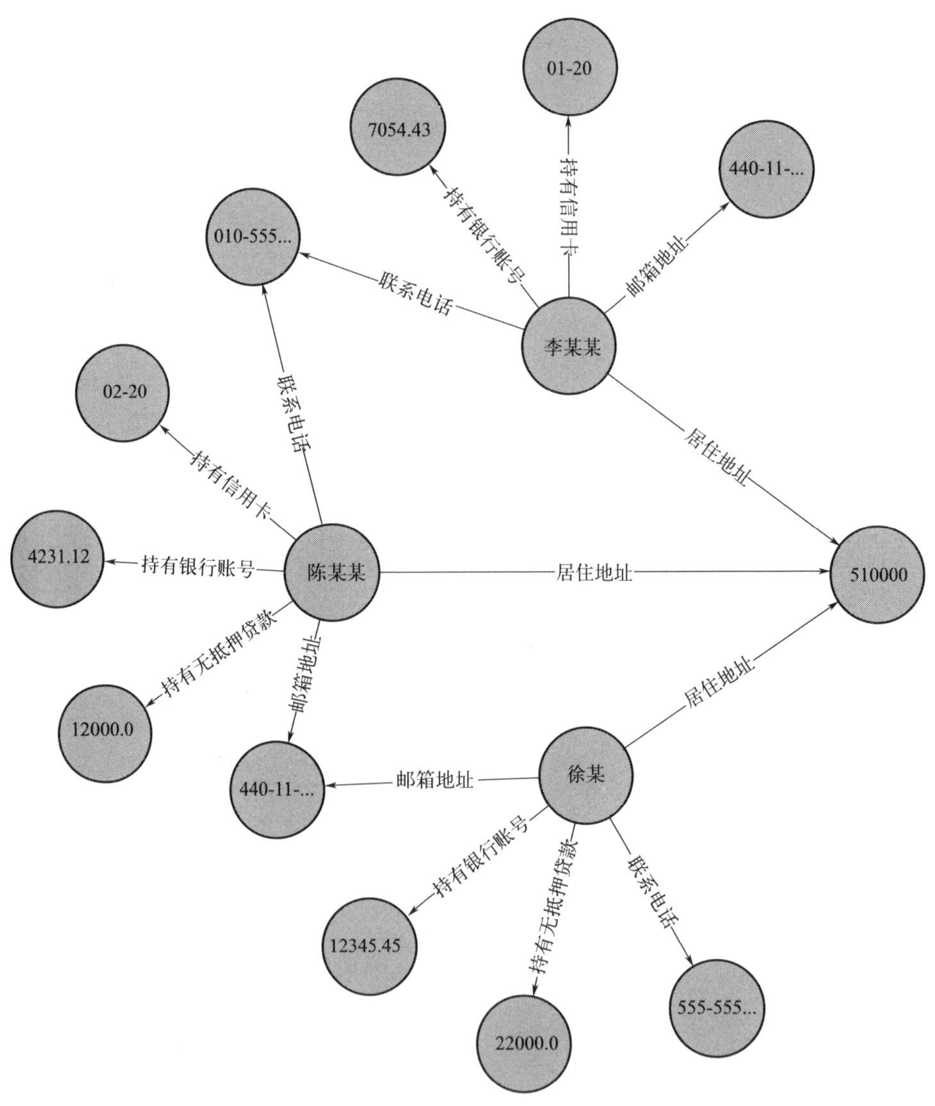

图 6-30 “银行欺诈监测”图谱

会对目标感到迷茫。

意义：无论是好友推荐还是商品推荐，都需要大量的数据以及优秀的分析能力，而图技术可以关联大量的人物和人物之间的关联数据、商品和买家之间的关联数据，可以提供更高效实时的建议。从用户角度来看，推荐系统可以缓解信息过载带来的时间成本。从企业角度来看，可以帮助企业实现精准营销，个性化用户的体验，提升客户忠诚度，最大化企业的收益。因此推荐系统的好坏对用户和企业来说都非常重要。

在图 6-31 中，刘备和诸葛亮拥有共同好友司马徽、徐庶，推荐系统会认为刘备和诸葛亮有可能认识，所以会向刘备推荐诸葛亮。如图 6-32 所示。

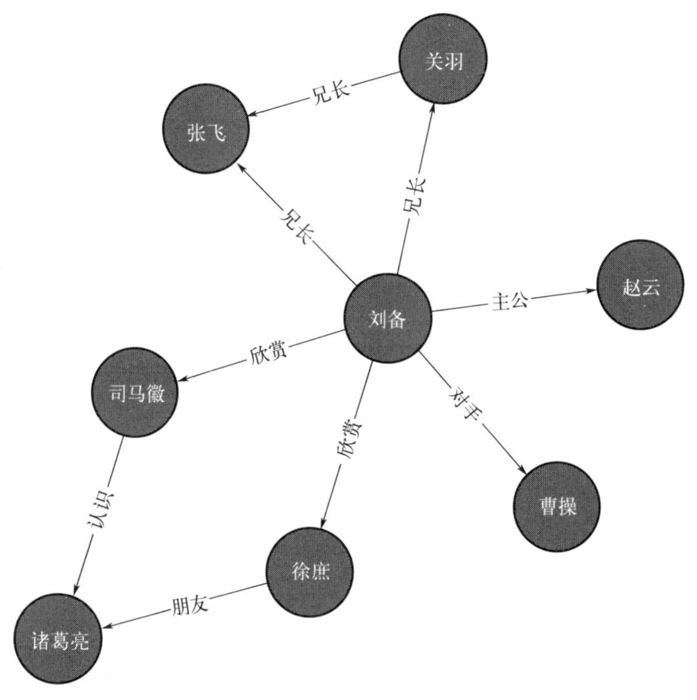

图 6-31 《三国演义》图谱

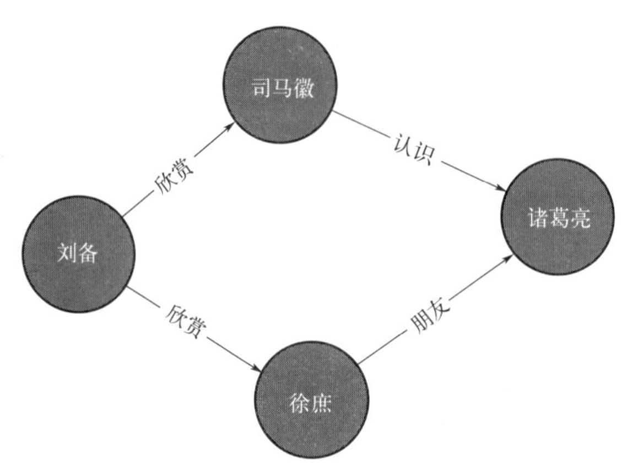

图 6-32 向刘备推荐诸葛亮的原因示意图

6.3.3 知识图谱应用：三国人物

背景：如果使用基于关键词进行搜索，过程烦琐。用户需要反复重新定义搜索词，直到最终找到感兴趣的东西，并且反馈的结果随机性强、质量不高。传统的关系数据库处理数据不灵活，当设计者添加新类型的内容或进行结构更改，就必须重新修改关系模型。

意义：图数据库能够逐步理解用户意图，并进行上下文搜索。每当用户得到最相关搜索结果时，参与度和满意度都会更高。通过使用图数据库，用户可以提高信息访问能力，他们可以从中找到他们最需要的产品、服务或数字资产。

次日，于桃园中，备下乌牛白马祭礼等项，三人焚香再拜而说誓曰：“念刘备、关羽、张飞，虽然异姓，既结为兄弟，则同心协力，救困扶危；上报国家，下安黎庶。不求同年同月同日生，只愿同年同月同日死。皇天后土，实鉴此心，背义忘恩，天人共戮！”誓毕，拜玄德为兄，关羽次之，张飞为弟。祭罢天地，复宰牛设酒，聚乡中勇士，得三百余人，就桃园中痛饮一醉。来日收拾军器，但恨无马匹可乘。正思虑间，人报有两个客人，引一伙伴当，赶一群马，投庄上来。玄德曰："此天佑我也！"三人出庄迎接。原来二客乃中山大商：一名张世平，一名苏双，每年往北贩马，近因寇发而回。玄德请二人到庄，置酒管待，诉说欲讨贼安民之意。二客大喜，愿将良马五十匹相送；又赠金银五百两，镔铁一千斤，以资器用。——摘自《三国演义》第一回

在这一段文字中，如果人物1和人物2出现在同一个句子中，我们认为他们之间存在某种关联，并在这两个人物节点之间创建关系。

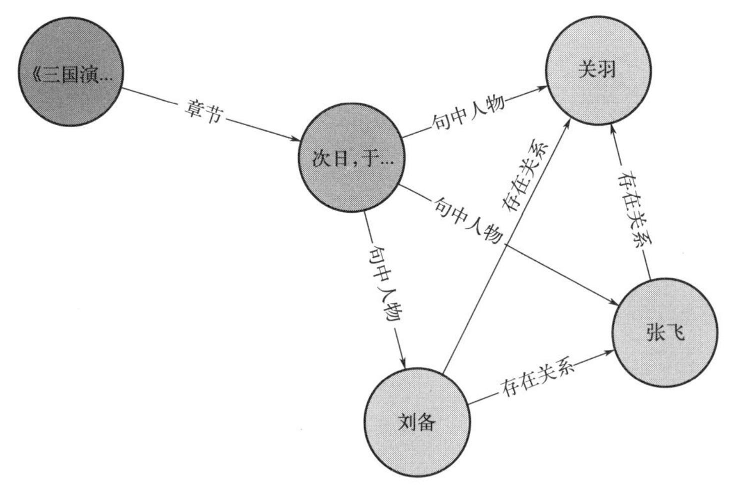

图6-33 《三国演义》文章与人物节点关系效果图

以这种方式命名实体，并通过关系推断，可以找到上下文中存在人物之间的关系。如果我们将《三国演义》的更多章节导入到项目中，还能找到更多隐藏的关系信息。如图6-33所示，比如谁是《三国演义》的中心人物，有多种方式进行查询。

① 如果按照出现章节的次数多少，自上而下排列，曹操是中心人物。结果如表6-4所示。

表 6-4　人物在章节中出现的次数排列表

name
曹操
孔明
刘备
孙权
张飞
赵云

② 如果按照人物交互的次数，孔明是中心人物。结果如表 6-5 所示。

表 6-5　人物交互次数排列表

name
孔明
曹操
魏延
刘备
孙权
姜维

③ 如果按照人物交互，以及与之交互的人物的重要性，孔明是中心人物。结果如表 6-6 所示。

表 6-6　交互次数及与之交互的人物重要性排列表

name
孔明
曹操
吕布
刘备
孙权

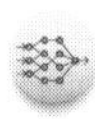

总之，通过阅读以上三个案例我们不难看出，数据之间的关系尤为重要，其中蕴藏着巨大的信息价值。但不同的是案例的需求不同，Neo4j 图数据库运用的技术也会不同。还有更多的场景等着我们去发掘和实现，比如：主数据管理、反洗钱、供应链管理、增强网络和 IT 运营管理能力、数据谱系、身份和访问管理、材料清单管理等，感兴趣的读者可以阅读《Neo4j 图数据库的十大案例白皮书》。

第7章 Neo4j的实践案例

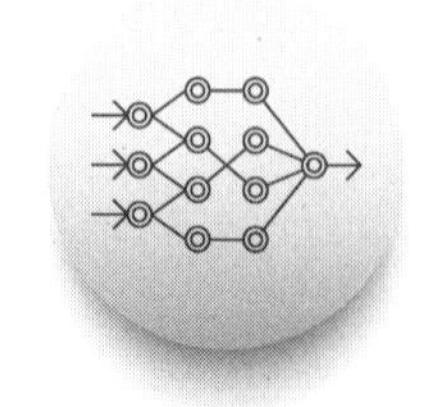

7.1 案例一：唐代人物社交网络

7.1.1 案例背景

下面的图数据库主要目的是查询唐代部分人物间的朋友关系，如图 7-1 所示[1]。

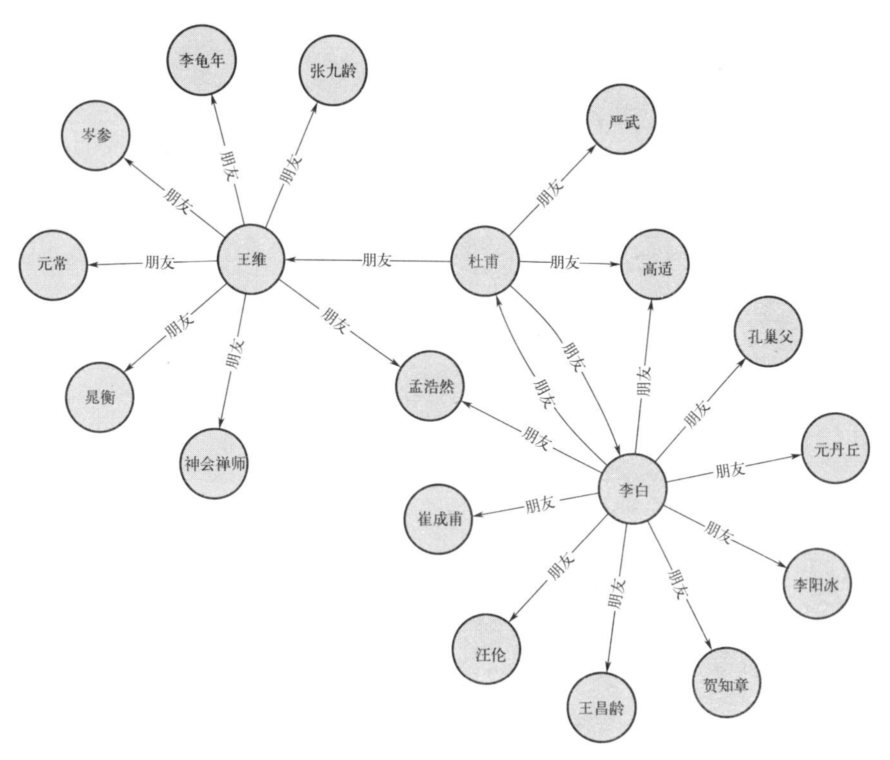

图 7-1 唐代人物社交网络图谱

图谱中主要人物有李白、杜甫、王维，以他们为中心发展朋友关系，分析得出关系表格，以便读者梳理各人物之间的关系，

[1] 如无特殊说明，本章中所涉及唐代人物关系均指唐代部分人物关系。

如表 7-1 所示。

表 7-1　唐代人物关系表

诗人 A 名称	诗人 B 名称	两人之间的关系
李白	汪伦	朋友
	孟浩然	
	杜甫	
	王昌龄	
	贺知章	
	高适	
	李阳冰	
	元丹丘	
	孔巢父	
	崔成甫	
杜甫	李白	
	高适	
	王维	
	严武	
王维	张九龄	
	李龟年	
	岑参	
	元常	
	神会禅师	
	晁衡	

7.1.2　创建

① 创建李白、汪伦、孟浩然等 11 位唐代人物节点及其属性，如表 7-2 所示。

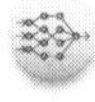

表 7-2　唐代人物节点及其属性表

节点名	节点标签	节点属性	对应属性值
n	Tangpoet	name	李白
			汪伦
			孟浩然
			杜甫
			王昌龄
			贺知章
			高适
			李阳冰
			元丹丘
			孔巢父
			崔成甫

示例语句：

```
create (n:Tangpoet{name:'李白'}) return n
```

② 创建上述唐代人物节点与李白节点之间的朋友关系，如表 7-3 所示。

表 7-3　唐代人物节点与李白节点之间的朋友关系表

<table>
<tr><th>起点节点名</th><th>起点节点标签</th><th>起点节点属性</th><th>起点对应属性值</th><th>起点指向终点的关系</th></tr>
<tr><td>a</td><td>Tangpoet</td><td>name</td><td>李白</td><td rowspan="3">朋友</td></tr>
<tr><th>终点节点名</th><th>终点节点标签</th><th>终点节点属性</th><th>终点对应属性值</th></tr>
<tr><td>b</td><td>Tangpoet</td><td>name</td><td>除了“李白”以外</td></tr>
</table>

示例语句：

```
match (a:Tangpoet{name:'李白'}),(b:Tangpoet) where b.name
<> '李白' merge (a)-[:朋友]->(b) return a,b
```

效果图如图 7-2 所示。

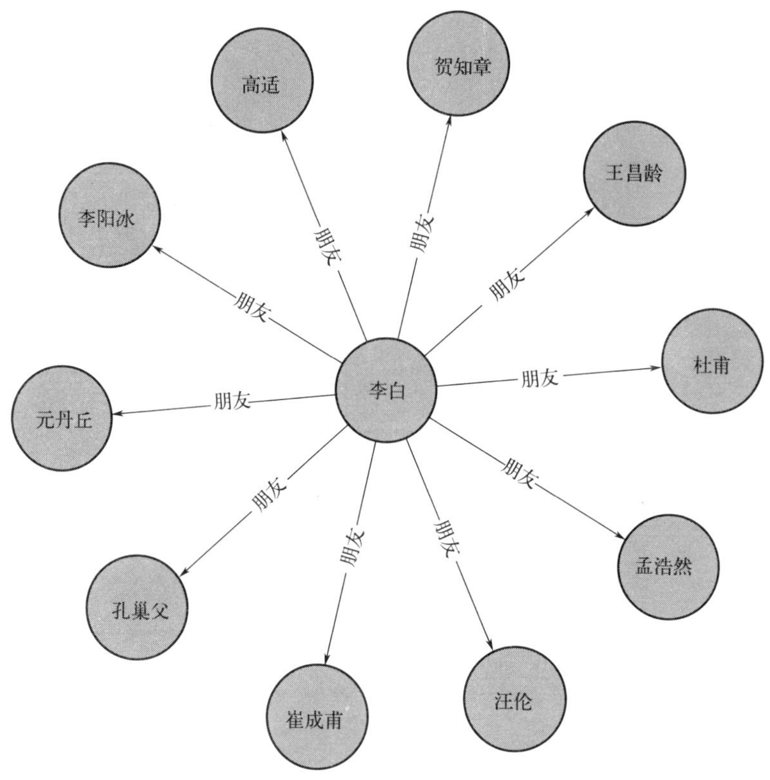

图 7-2　李白的朋友诗人图谱

③ 创建唐代诗人王维和严武的节点，如表 7-4 所示。

表 7-4　王维与严武的节点信息表

节点名	节点标签	节点属性	对应属性值
n	Tangpoet	name	王维
			严武

示例语句：

```
create (n:Tangpoet{name:'王维'}) return n;
```

效果图如图 7-3 所示。

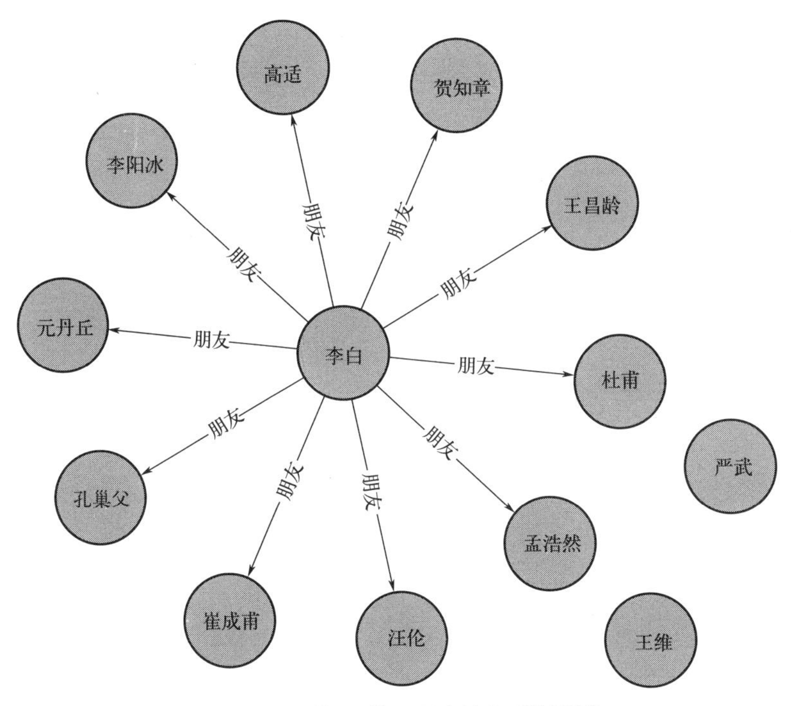

图 7-3　增加王维和严武节点后的图谱

④ 创建上述唐代人物节点与杜甫节点之间的朋友关系，如表 7-5 所示。

表 7-5　唐代人物与杜甫节点之间的朋友关系表

<table>
<tr><th>起点节点名</th><th>起点节点标签</th><th>起点节点属性</th><th>起点对应属性值</th><th>起点指向终点的关系</th></tr>
<tr><td>a</td><td>Tangpoet</td><td>name</td><td>杜甫</td><td rowspan="7">朋友</td></tr>
<tr><td>终点节点名</td><td>终点节点标签</td><td>终点节点属性</td><td>终点对应属性值</td></tr>
<tr><td rowspan="4">b</td><td rowspan="4">Tangpoet</td><td rowspan="4">name</td><td>李白</td></tr>
<tr><td>高适</td></tr>
<tr><td>王维</td></tr>
<tr><td>严武</td></tr>
</table>

示例语句：

```
match (a:Tangpoet{name:'杜甫'}),(b:Tangpoet{name:'李白'})
merge (a)-[:朋友]->(b)
```

效果图如图 7-4 所示。

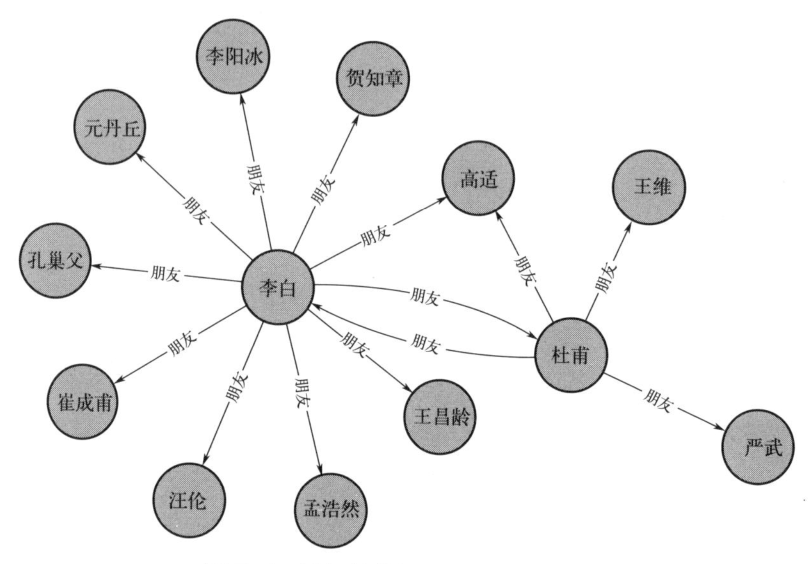

图 7-4　增加杜甫的朋友关系后的图谱

⑤ 继续补充创建唐代人物节点，如表 7-6 所示。

表 7-6　需要补充人物节点信息表

节点名	节点标签	节点属性	对应属性值
n	Tangpoet	name	张九龄
			李龟年
			岑参
			元常
			神会禅师
			晁衡

示例语句：

```
create (n:Tangpoet{name:'张九龄'}) return n;
```

⑥ 创建上述唐代人物节点与王维节点之间的朋友关系，如表 7-7 所示。

表 7-7 唐代人物节点与王维节点之间的朋友关系表

<table>
<tr><th>起点节点名</th><th>起点节点标签</th><th>起点节点属性</th><th>起点对应属性值</th><th>起点指向终点的关系</th></tr>
<tr><td>a</td><td>Tangpoet</td><td>name</td><td>王维</td><td rowspan="8">朋友</td></tr>
<tr><td>终点节点名</td><td>终点节点标签</td><td>终点节点属性</td><td>终点对应属性值</td></tr>
<tr><td rowspan="6">b</td><td rowspan="6">Tangpoet</td><td rowspan="6">name</td><td>张九龄</td></tr>
<tr><td>李龟年</td></tr>
<tr><td>岑参</td></tr>
<tr><td>元常</td></tr>
<tr><td>神会禅师</td></tr>
<tr><td>晁衡</td></tr>
</table>

示例语句：

```
match (a:Tangpoet{name:'王维'}),(b:Tangpoet) where
b.name in ['张九龄','李龟年','孟浩然','岑参','元常',
'神会禅师','晁衡'] merge (a)-[:朋友]->(b) return a,b
```

效果图如图 7-5 所示：

⑦ 查看所有节点及其关系（限制查询结果在 25 层内）

示例语句：

```
MATCH (n) RETURN n LIMIT 25
```

效果图如图 7-1 所示。

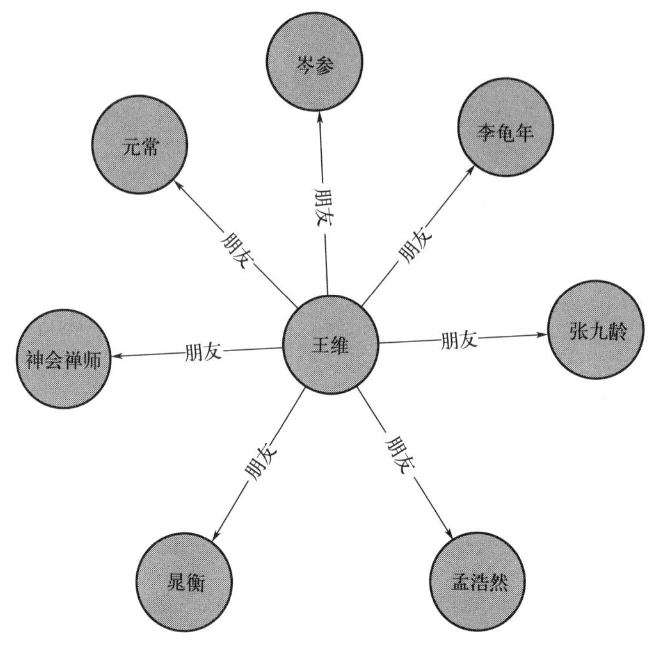

图 7-5　王维的朋友诗人图谱

7.1.3　查询

① 李白和王维谁的人缘更好？

查询李白的朋友关系数量：

```
MATCH (a:Tangpoet {name:'李白'})-[r:朋友]->() RETURN
count(*)
```

查询结果如表 7-8 所示。

表 7-8　李白的朋友数量表

count(*)
10

查询王维的朋友关系数量：

```
MATCH (a:Tangpoet {name:'王维'})-[r:朋友]->() RETURN
count(*)
```

查询结果如表 7-9 所示。

表 7-9　王维的朋友数量表

count(*)
7

结果显示：根据数据呈现，李白的朋友有 10 位，王维的朋友有 7 位，李白的人缘更好。

② 历史上找不到李白和王维的互赠诗词，请用图谱查找原因。

示例语句：

```
MATCH (a:Tangpoet {name:'王维'})-[r:朋友]-(a:Tangpoet
{name:'李白'}) RETURN count(*)
```

查询结果如表 7-10 所示。

表 7-10　李白与王维之间的朋友关系数量表

count(*)
0

结果显示：根据数据呈现，李白和王维之间没有朋友关系。

③ 严武想拜访王昌龄的最短路径？

示例语句：

```
MATCH (p1:Tangpoet{name:'严武'}),(p2:Tangpoet{name:'王
昌龄'}),p=shortestpath((p1)-[*..10]-(p2)) RETURN p
```

效果图如图 7-6 所示。

结果显示：严武需要先和杜甫沟通、杜甫推荐李白、李白推荐王昌龄。

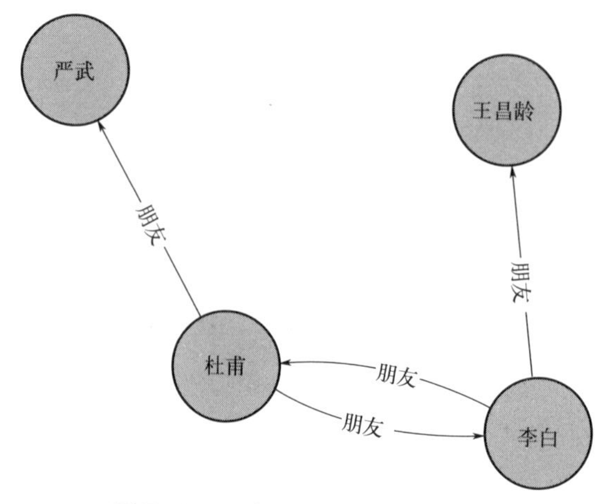

图 7-6　严武拜访王昌龄的路径图

7.1.4　批量导入数据

• 步骤一：文档准备。

① 创建人物节点 Tangpoet1，节点属性 “name” 和 “id” 对应 3 位唐代人物名，Excel 文件命名为 :Tangpoet1.xlsx，如图 7-7 所示。

	A	B
1	name	id
2	李白	101
3	王维	102
4	杜甫	103

图 7-7　表格 Tangpoet1 内容示例图

② 创建人物节点 Tangpoet2，节点属性 “name” 对应 16 位唐代人物名，Excel 文件命名为 :Tangpoet2.xlsx，如图 7-8 所示。

③ 创建第一种人物之间的朋友对应关系，A 列（Tangpoet1 节点中的 name 属性）指向 B 列（Tangpoet2 节点中的 name 属性），Excel 文件命名为：Tangpoet_relationship1.xlsx，如图 7-9 所示。

	A
1	name
2	汪伦
3	孟浩然
4	王昌龄
5	贺知章
6	高适
7	李阳冰
8	元丹丘
9	孔巢父
10	崔成甫
11	严武
12	张九龄
13	李龟年
14	岑参
15	元常
16	神会禅师
17	晁衡

图 7-8　表格 Tangpoet2 内容示例图

	A	B
1	Tangpoet1_name	Tangpoet2_name
2	李白	高适
3	李白	孔巢父
4	李白	元丹丘
5	李白	李阳冰
6	李白	贺知章
7	李白	王昌龄
8	李白	汪伦
9	李白	崔成甫
10	李白	孟浩然
11	杜甫	高适
12	杜甫	严武
13	王维	孟浩然
14	王维	张九龄
15	王维	李龟年
16	王维	岑参
17	王维	元常
18	王维	神会禅师
19	王维	晁衡

图 7-9　表格 Tangpoet_relationship1 内容示例图

④ 创建第二种人物之间的朋友对应关系，A 列（Tangpoet1 节点中的 name 属性）指向 B 列（Tangpoet1 节点中的 id 属性），Excel 文件命名为：Tangpoet_relationship2.xlsx，如图 7-10 所示。

	A	B
1	Tangpoet1_name	Tangpoet1_id
2	杜甫	101
3	王维	103
4	李白	103

图 7-10　表格 Tangpoet_relationship2 内容示例图

⑤ 将以上四个 Excel 文档分别另存为 csv（UTF-8）格式文档，如图 7-11 所示。

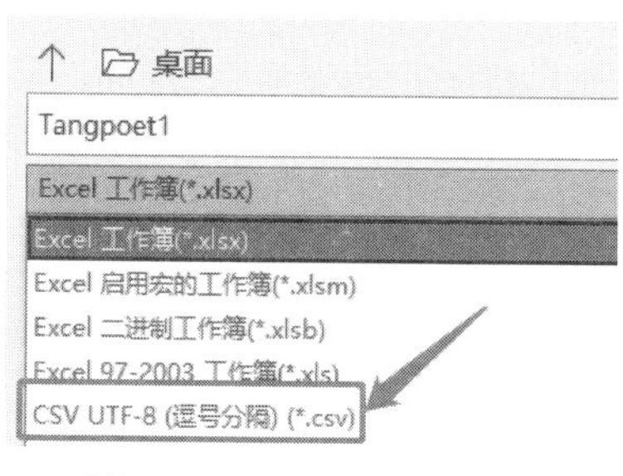

图 7-11　保存格式示例图

⑥ 将所有 csv 文档复制到 Neo4j 当前数据库存储数据的文件夹，路径为：C:\Users\ 主机名 .Neo4jDesktop\relate-data\dbmss\ 数据库序号 \import（建议数据库序号文件夹按照修改时间进行文件排序），如图 7-12 所示。

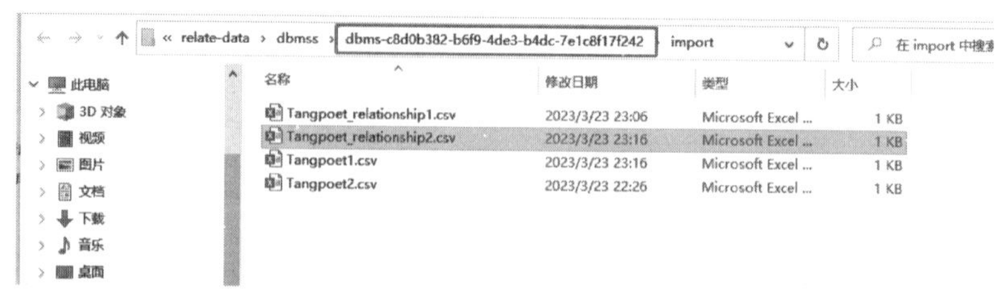

图 7-12　保存路径示例图

• 步骤二：在 Neo4j 中批量导入文档数据

① 创建 Tangpoet1 的节点及其属性，如表 7-11 所示。

表 7-11　Tangpoet1 的节点及其属性

读取的 csv 文档名	文档变量	节点标签	节点属性	对应属性值
Tangpoet1.csv	line	Tangpoet1	name	文档中的 name 字段
			id	文档中的 id 字段

示例语句：

```
load csv with headers from 'file:///Tangpoet1.csv' as
line
create(:Tangpoet1{name:line.name,id:line.id})
```

② 创建 Tangpoet2 的节点及其属性，如表 7-12 所示。

表 7-12　Tangpoet2 的节点及其属性表

读取的 csv 文档名	文档变量	节点标签	节点属性	对应属性值
Tangpoet2.csv	line	Tangpoet2	name	文档中的 name 字段

示例语句：

```
load csv with headers from 'file:///Tangpoet2.csv' as line
create(:Tangpoet2{name:line.name})
```

③ 创建第一种人物之间的朋友对应关系，Tangpoet1 标签节点中的 name 属性指向 Tangpoet2 标签节点中的 name 属性，如表 7-13 所示。

表 7-13　朋友关系对应表（1）

<table>
<tr><th rowspan="2">项目</th><th rowspan="2">读取的 csv 文档名</th><th rowspan="2">文档变量</th><th colspan="4">起点</th><th rowspan="2">起点指向终点的关系</th></tr>
<tr><th>节点名</th><th>节点标签</th><th>节点属性</th><th>对应属性值</th></tr>
<tr><td>值</td><td>Tangpoet_relationship1</td><td>line</td><td>from</td><td>Tangpoet1</td><td>name</td><td>文档中的 .Tangpoet1_name 字段</td><td>朋友</td></tr>
</table>

续表

项目	读取的 csv 文档名	文档变量	终点				起点指向终点的关系
			节点名	节点标签	节点属性	对应属性值	
值	Tangpoet_relationship1	line	to	Tangpoet2	name	文档中的 .Tangpoet2_name 字段	朋友

示例语句：

```
load csv with headers from 'file:///Tangpoet_relationship1.
csv' as line
match
(from:Tangpoet1{name:line.Tangpoet1_
name}),(to:Tangpoet2{name:line.Tangpoet2_name})
merge (from)-[: 朋友 ]->(to)
```

效果图如图 7-13 所示。

④ 创建第二种人物之间的朋友对应关系，Tangpoet1 标签节点中的 name 属性指向 Tangpoet1 标签节点中的 id 属性，如表 7-14 所示。

表 7-14　朋友关系对应表（2）

项目	读取的 csv 文档名	文档变量	起点				起点指向终点的关系
			节点名	节点标签	节点属性	对应属性值	
值	Tangpoet_relationship2	line	from	Tangpoet1	name	文档中的 .Tangpoet1_name 字段	朋友
项目	读取的 csv 文档名	文档变量	终点				起点指向终点的关系
			节点名	节点标签	节点属性	对应属性值	
值	Tangpoet_relationship2	line	to	Tangpoet1	id	文档中的 .Tangpoet1_id 字段	朋友

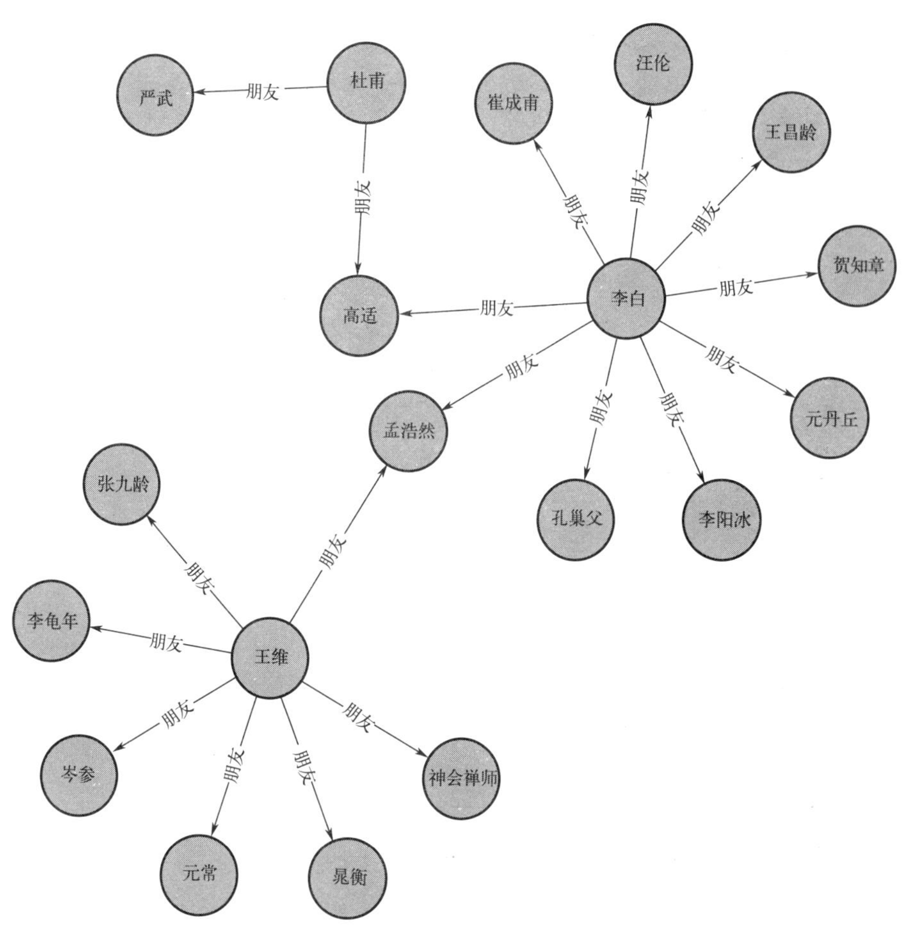

图 7-13　批量创建节点和关系后的效果图

示例语句：

```
load csv with headers from 'file:///Tangpoet_relationship2.
csv' as line
match (from:Tangpoet1{name:line.Tangpoet1_name}), (to:
Tangpoet1{id:line.Tangpoet1_id})
merge (from)-[: 朋友 ]->(to)
```

最终效果图见图 7-1。

7.2 案例二：《家有儿女》人物关系图谱

7.2.1 案例背景

本图数据库主要目的是查询《家有儿女》中的人物间的关系，如图 7-14 所示。

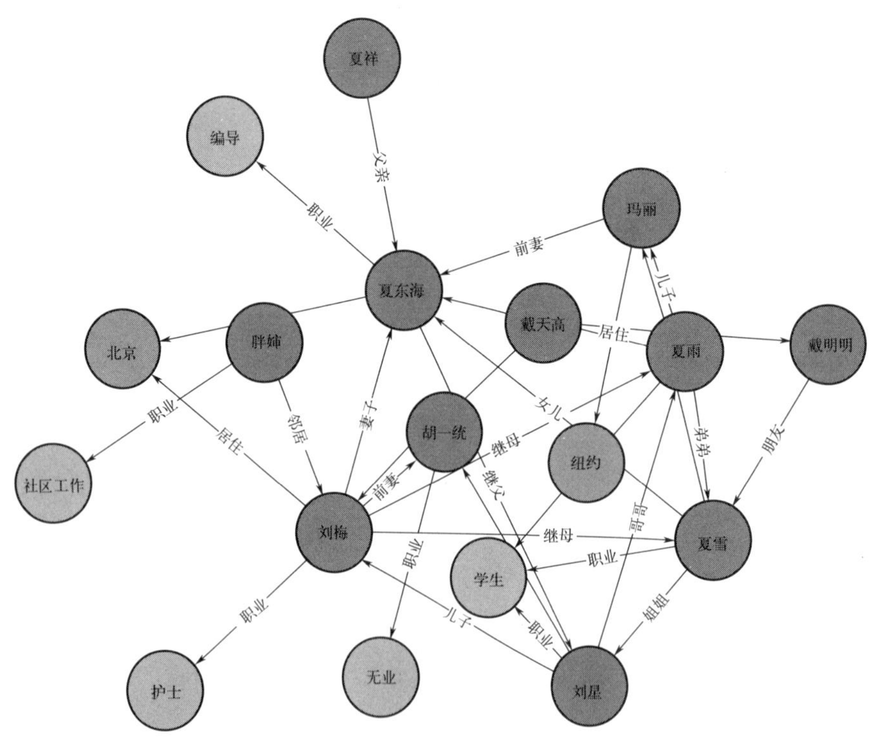

图 7-14 《家有儿女》人物关系图谱

图谱中有不同灰度以区分不同的数据类型，所以节点的标签也不一样。而在复杂的人物关系中，分析得出表格，以便读者梳理主要人物之间的关系，如表 7-15 所示。

表 7-15 《家有儿女》主要人物之间的关系表

人物名	职业	居住地	存在关系对象 1	关系	存在关系对象 2	关系	存在关系对象 3	关系	存在关系对象 4	关系
刘星	学生	—	夏雪	弟弟	—	—	—	—	—	—
夏祥	—	—	夏东海	父亲	—	—	—	—	—	—
戴明明	学生	—	夏雪	朋友	—	—	—	—	—	—
戴天高	—	—	戴明明	父亲	刘梅	同学	—	—	—	—
夏雪	学生	—	玛丽	女儿	夏东海	女儿	刘星	姐姐	—	—
夏东海	编导	中国北京	刘星	继父	—	—	—	—	—	—
刘梅	护士	中国北京	夏东海	妻子	夏雨	继母	夏雪	继母	胡一统	前妻
夏雨	学生	—	玛丽	儿子	夏东海	儿子	夏雪	弟弟	—	—
胡一统	无业	—	—	—	—	—	—	—	—	—
玛丽	—	美国纽约	夏东海	前妻	—	—	—	—	—	—
胖婶	社区工作	—	刘梅	邻居	—	—	—	—	—	—

7.2.2 创建

① 创建主要人物节点，如表 7-16 所示。

表 7-16 主要人物节点信息表

节点名	节点标签	节点属性	对应属性值
n	Person	name	刘星
			夏祥
			戴明明
			戴天高
			夏雪
			夏东海
			刘梅
			夏雨
			胡一统
			玛丽
			胖婶

示例语句：

```
create (n:Person {name:' 刘星 '}) return n
```

效果图如图 7-15 所示。

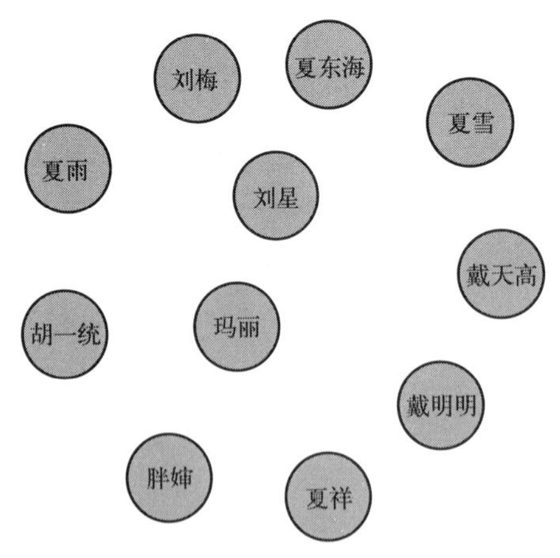

图 7-15 创建节点及其属性后效果图

② 创建人物职业节点和居住地点节点，如表 7-17 以及表 7-18 所示。

表 7-17 职业节点

节点名	节点标签	节点属性	对应属性值
n	Job	title	学生
			编导
			无业
			社区工作
			护士

表 7-18 居住地节点

节点名	节点标签	节点属性	对应属性值	节点属性	对应属性值
n	Location	country	中国	city	北京
			美国		纽约

示例语句：

```
create (n:Location {country:'中国',city:'北京'})
```

效果图如图 7-16 与图 7-17 所示。

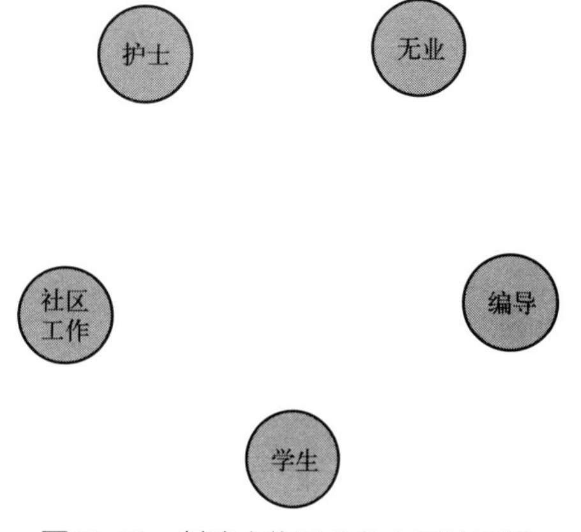

图 7-16 创建人物职业节点后效果图

图 7-17　创建人物居住地址节点后效果图

③ 创建人物间关系，如表 7-19 所示。

表 7-19　人物间对应关系表

<table>
<tr><th>起点节点名</th><th>起点节点标签</th><th>起点节点属性</th><th>起点对应属性值</th><th>终点节点名</th><th>终点节点标签</th><th>终点节点属性</th><th>终点对应属性</th><th>起点指向终点的关系</th></tr>
<tr><td rowspan="16">a</td><td rowspan="16">Person</td><td rowspan="16">name</td><td>刘梅</td><td rowspan="16">b</td><td rowspan="16">Person</td><td rowspan="16">name</td><td>夏东海</td><td>妻子</td></tr>
<tr><td>刘梅</td><td>夏雨</td><td>继母</td></tr>
<tr><td>刘梅</td><td>夏雪</td><td>继母</td></tr>
<tr><td>刘梅</td><td>胡一统</td><td>前妻</td></tr>
<tr><td>刘星</td><td>胡一统</td><td>儿子</td></tr>
<tr><td>夏东海</td><td>刘星</td><td>继父</td></tr>
<tr><td>玛丽</td><td>夏东海</td><td>前妻</td></tr>
<tr><td>夏雪</td><td>夏东海</td><td>女儿</td></tr>
<tr><td>夏雨</td><td>夏东海</td><td>儿子</td></tr>
<tr><td>夏雪</td><td>玛丽</td><td>女儿</td></tr>
<tr><td>夏雨</td><td>玛丽</td><td>儿子</td></tr>
<tr><td>夏雨</td><td>夏雪</td><td>弟弟</td></tr>
<tr><td>夏雪</td><td>刘星</td><td>姐姐</td></tr>
<tr><td>刘星</td><td>夏雨</td><td>哥哥</td></tr>
<tr><td>戴明明</td><td>夏雪</td><td>朋友</td></tr>
<tr><td>戴天高</td><td>刘梅</td><td>同学</td></tr>
</table>

续表

起点节点名	起点节点标签	起点节点属性	起点对应属性值	终点节点名	终点节点标签	终点节点属性	终点对应属性	起点指向终点的关系
a	Person	name	戴天高	b	Person	name	戴明明	父亲
			胖婶				刘梅	邻居
			夏祥				夏东海	父亲

示例语句：

```
match (a:Person {name:' 刘 梅 '}),(b:Person {name:' 夏 东
海 '}) MERGE (a)-[: 妻子 ]->(b)
```

效果图如图 7-18 所示。

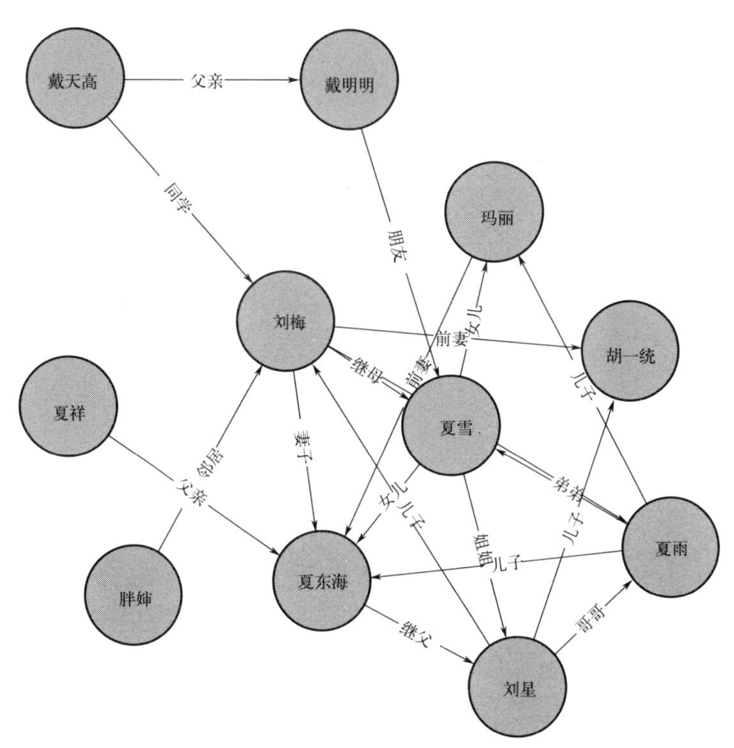

图 7-18　创建人物关系后的效果图

④ 创建人物节点和居住地点节点的关系，如表 7-20 所示。

表 7-20　人物节点和居住地点节点的关系表

<table>
<tr><th>起点节点名</th><th>起点节点标签</th><th>起点节点属性</th><th>起点对应属性值</th><th>终点节点名</th><th>终点节点标签</th><th>终点节点属性</th><th>终点对应属性</th><th>终点节点标签</th><th>终点节点属性</th><th>起点指向终点的关系</th></tr>
<tr><td rowspan="3">a</td><td rowspan="3">Person</td><td rowspan="3">name</td><td>刘梅</td><td rowspan="3">b</td><td rowspan="3">Location</td><td rowspan="3">country</td><td>中国</td><td rowspan="3">city</td><td rowspan="2">北京</td><td rowspan="3">居住</td></tr>
<tr><td>夏东海</td><td>中国</td></tr>
<tr><td>玛丽</td><td>美国</td><td>纽约</td></tr>
</table>

示例语句：

```
match (a:Person {name:'刘梅'}),(b:Location {country:'中国',city:'北京'}) MERGE (a)-[:居住]->(b)
```

效果图如图 7-19 所示。

⑤ 创建人物节点和职业节点之间的关系，如表 7-21 所示。

表 7-21　人物节点和职业节点之间的关系表

<table>
<tr><th>起点节点名</th><th>起点节点标签</th><th>起点节点属性</th><th>起点对应属性值</th><th>终点节点名</th><th>终点节点标签</th><th>终点节点属性</th><th>终点对应属性</th><th>起点指向终点的关系</th></tr>
<tr><td rowspan="7">a</td><td rowspan="7">Person</td><td rowspan="7">name</td><td>刘梅</td><td rowspan="7">b</td><td rowspan="7">Job</td><td rowspan="7">title</td><td>护士</td><td rowspan="7">职业</td></tr>
<tr><td>夏东海</td><td>编导</td></tr>
<tr><td>胡一统</td><td>无业</td></tr>
<tr><td>夏雨</td><td>学生</td></tr>
<tr><td>刘星</td><td>学生</td></tr>
<tr><td>夏雪</td><td>学生</td></tr>
<tr><td>胖婶</td><td>社区工作</td></tr>
</table>

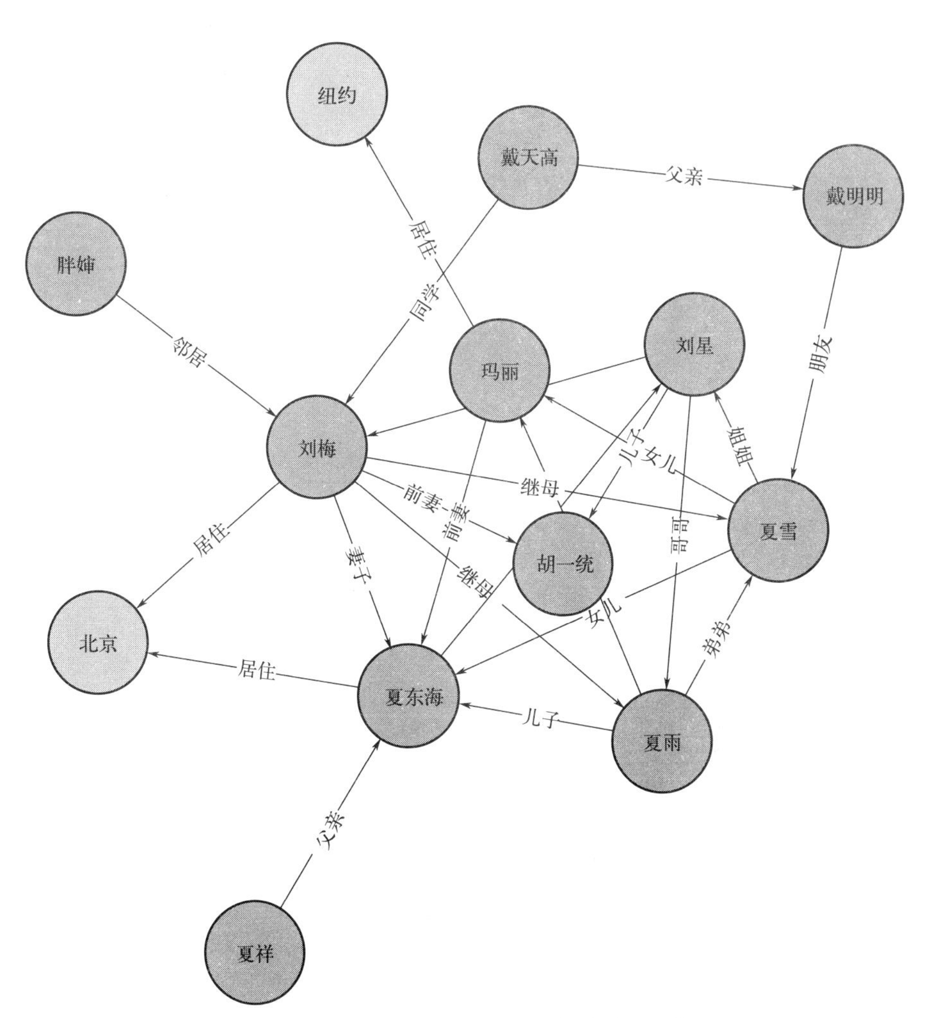

图 7-19　创建人物节点和居住地点节点关系后效果图

示例语句：

```
match (a:Person {name:'刘梅'}),(b:Job {title:'护士'})
MERGE (a)-[:职业]->(b)
```

效果图如图 7-14 所示。

7.2.3 查询

① 家庭中做了父亲的有谁？

示例语句：

```
MATCH (n)-[:父亲]-() RETURN n
```

效果图如图 7-20 所示。

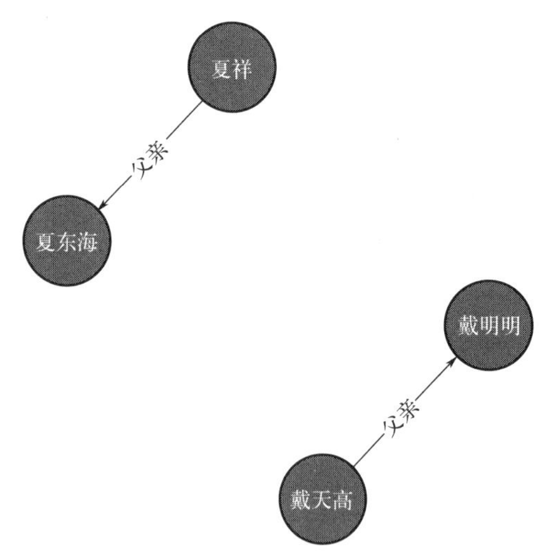

图 7-20　家庭中做了父亲的人物节点效果图

结果显示：家庭中做了父亲的有夏祥和戴天高，其中夏祥是夏东海的父亲，戴天高是戴明明的父亲。

② 还在上学的有谁？

示例语句：

```
MATCH (a:Person)-[:职业]->(b:Job {title:'学生'}) RETURN a,b
```

效果图如图 7-21 所示。

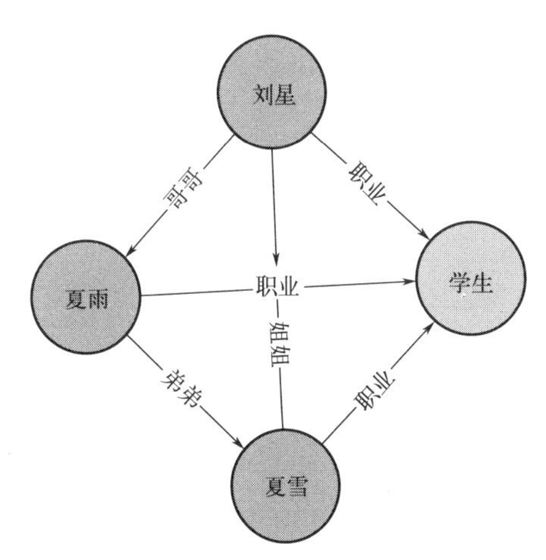

图 7-21　职业是学生的人物节点效果图

结果显示：如图 7-21 所示，还在上学的有刘星、夏雨、夏雪。

③ 刘梅和谁有感情关系？

示例语句：

```
MATCH (:Person { name: '刘梅' })-[r:前妻]->(n) RETURN n
```

效果图如图 7-22 所示。

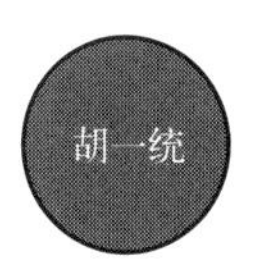

图 7-22　刘梅是胡一统的前妻的效果图

示例语句：

```
MATCH (:Person { name: '刘梅' })-[r:妻子]->(n) RETURN n
```

效果图如图 7-23 所示。

图 7-23　刘梅是夏东海的妻子的效果图

结果显示：刘梅和胡一统（前任丈夫）、夏东海（现任丈夫）有感情关系。

④ 夏雪想到社区工作处实习的最短路径？

示例语句：

```
MATCH (p1:Person {name:"夏雪"}),(p2:Job{title:"社区工作"
}),p=shortestpath((p1)-[*..10]-(p2)) RETURN p
```

效果图如图 7-24 所示。

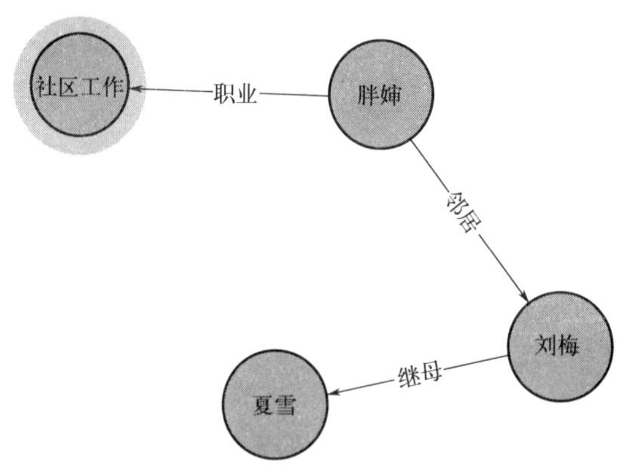

图 7-24　夏雪到社区工作处实习的最高效的方法效果图

结果显示：夏雪可以找到继母刘梅，再通过刘梅找到在社区工作的胖婶，进行实习推荐。

⑤ 戴明明想去北京游玩，想借住北京朋友家，为他推荐所有可行的沟通路径。

示例语句：

```
MATCH (p1:Person {name:" 戴 明 明 "}),(p2:Location{city:"
北京 "}),p=allshortestpaths((p1)-[*..10]-(p2)) RETURN p
```

效果图如图 7-25 所示。

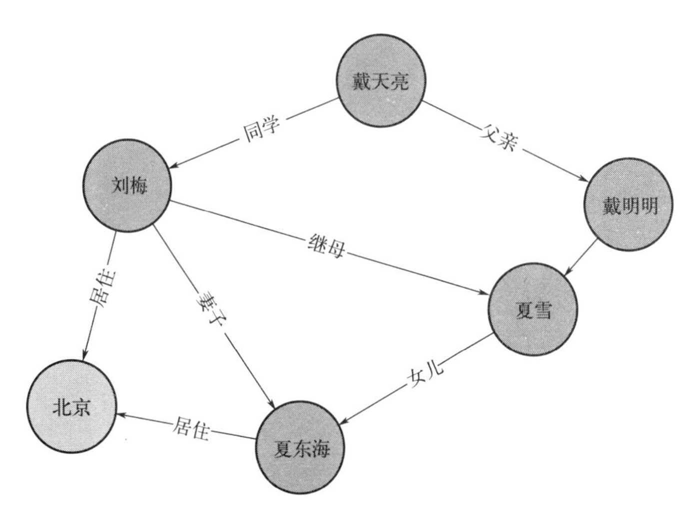

图 7-25 戴明明借住朋友家的所有方法的效果图

结果显示有三种沟通路径：

a. 戴明明联系同学夏雪，夏雪和爸爸夏东海商量；

b. 戴明明联系父亲戴天高，戴天高再联系同学刘梅商量；

c. 戴明明联系同学夏雪，夏雪和继母刘梅商量。

7.3 案例三：银行欺诈监测图谱

7.3.1 案例背景

本图数据库主要目的是查询银行账户之间的关系，如图 7-26 所示。

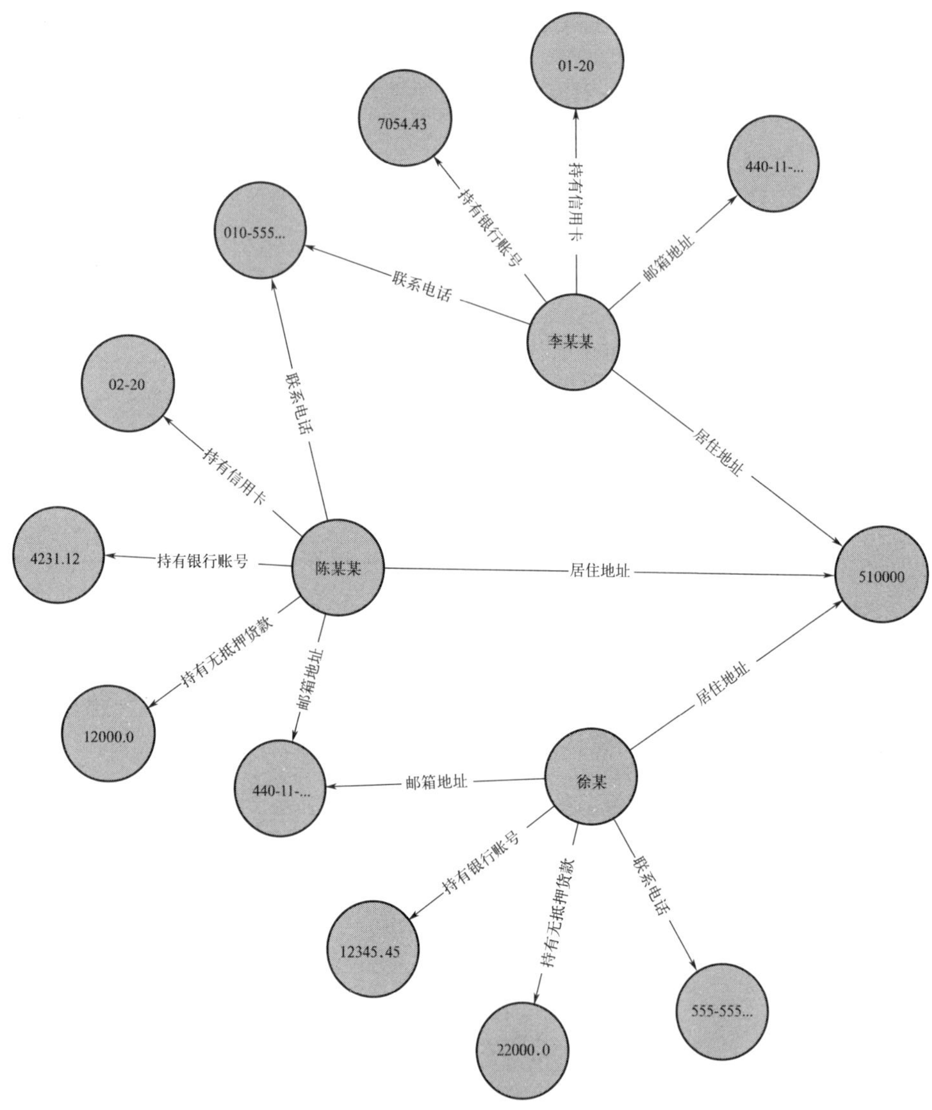

图 7-26　银行欺诈监测图谱

通过查找共享不止一条联系信息的账户持有人，以监测可能存在的欺诈团伙以及财务风险。分析得出表格，以便读者梳理主要账号之间的信息共享关系，如表 7-22 与表 7-23 所示。

表 7-22　银行账户持有人关联的联系方式信息表

银行账户持有人	居住地址	联系电话	邮箱地址	信用卡信息
李某某	A 国 B 市 C 区；邮政编码：510000	010-55555555	440-11-5678	号码：1234567890123456；限额：5000；余额：144.23；截止日期：01-20；安全码：123
陈某某	A 国 B 市 C 区；邮政编码：510001	010-55555555	440-11-1234	号码：1234567890123456；限额：4000；余额：2345.56；截止日期：02-20；安全码：456
徐某	A 国 B 市 C 区；邮政编码：510002	555-555-1234	440-11-1234	—

表 7-23　银行账户持有人关联的其他账号信息

银行账户持有人	银行账户信息	无抵押贷款信息
李某某	号码：2345678901234567；余额：7054.43	—
陈某某	号码：3456789012345678；余额：4231.12	账号：4567890123456789-0；余额：9045.53；年利率：0.0541；贷款额度：12000.00
徐某	号码：4567890123456789；余额：12345.45	账号：5678901234567890-0；余额：16341.95；年利率：0.0341；贷款额度：22000.00

7.3.2　创建

示例语句：（“//” 后面是语句解析）

```
  // 创建银行账户持有人以及属性
CREATE (accountHolder1:AccountHolder {
    Name: " 李某某 " })
CREATE (accountHolder2:AccountHolder {
```

```
    Name: " 陈某某 " })
CREATE (accountHolder3:AccountHolder {
    Name: " 徐某 " })
// 创建地址节点及属性
CREATE ( 居住地址 1: 居住地址 {
    Street: "C 区 ",
    City: "B 市 ",
    State: "A 国 ",
    ZipCode: "510000" })
// 创建 3 位银行账户持有人节点与地址节点的关系
CREATE (accountHolder1)-[: 居住地址 ]->( 居住地址 1),
   (accountHolder2)-[: 居住地址 ]->( 居住地址 1),
   (accountHolder3)-[: 居住地址 ]->( 居住地址 1)
// 创建联系电话节点及其属性
CREATE ( 联系电话 1: 联系电话 { 联系电话 : "010-55555555" })
 // 创建银行账户持有人节点和电话节点之间的关系
CREATE (accountHolder1)-[: 联系电话 ]->( 联系电话 1),
   (accountHolder2)-[: 联系电话 ]->( 联系电话 1)
 // 创建邮箱地址节点及其属性
CREATE ( 邮箱地址 1: 邮箱地址 { 邮箱地址 : "440-11-1234" })
 // 创建两位银行账户持有人节点和邮箱地址节点之间的关系
CREATE (accountHolder2)-[: 邮箱地址 ]->( 邮箱地址 1),
   (accountHolder3)-[: 邮箱地址 ]->( 邮箱地址 1)
 // 创建两位银行账户持有人节点和邮箱地址节点之间的关系
CREATE ( 邮箱地址 2: 邮箱地址 { 邮箱地址 : "440-11-5678"
})<-[: 邮箱地址 ]-(accountHolder1)
// 创建信用卡节点以及其与一位银行账户持有人节点之间的关系
CREATE (creditCard1:CreditCard {
    AccountNumber: "1234567890123456",
    Limit: 5000, Balance: 1442.23,
    ExpirationDate: "01-20",
   SecurityCode: "123" })<-[: 持有信用卡 ]-(accountHolder1)
// 创建银行账户节点以及其与一位银行账户持有人节点之间的关系
CREATE (bankAccount1:BankAccount {
```

```
    AccountNumber: "2345678901234567",
    Balance: 7054.43 })<-[:持有银行账号]-(accountHolder1)
// 创建信用卡节点以及其与一位银行账户持有人节点之间的关系
CREATE (creditCard2:CreditCard {
    AccountNumber: "1234567890123456",
    Limit: 4000, Balance: 2345.56,
    ExpirationDate: "02-20",
    SecurityCode: "456" })<-[:持有信用卡]-(accountHolder2)
// 创建银行账户节点以及其与一位银行账户持有人节点之间的关系
CREATE (bankAccount2:BankAccount {
    AccountNumber: "3456789012345678",
    Balance: 4231.12 })<-[:持有银行账号]-(accountHolder2)
// 创建无抵押贷款节点以及其与一位银行账户持有人节点之间的关系
CREATE (unsecuredLoan2:UnsecuredLoan {
    AccountNumber: "4567890123456789-0",
    Balance: 9045.53,
    APR: .0541,
    LoanAmount: 12000.00 })<-[:持有无抵押贷款]-
(accountHolder2)
// 创建银行账户节点以及其与一位银行账户持有人节点之间的关系
CREATE (bankAccount3:BankAccount {
    AccountNumber: "4567890123456789",
    Balance: 12345.45 })<-[:持有银行账号]-(accountHolder3)
// 创建无抵押贷款节点以及其与一位银行账户持有人节点之间的关系
CREATE (unsecuredLoan3:UnsecuredLoan {
    AccountNumber: "5678901234567890-0",
    Balance: 16341.95, APR: .0341,
    LoanAmount: 22000.00 })<-[:持有无抵押贷款]-
(accountHolder3)
// 创建银行账户持有人节点和电话节点之间的关系
CREATE (联系电话2:联系电话 {
    联系电话:"555-555-1234" })<-[:联系电话]-(accountHolder3)
 RETURN *
```

7.3.3 查询

① 查找共享不止一条合法联系信息的账户持有人团伙，并按照人群数目以降序的方式排列。

```
MATCH    (accountHolder:AccountHolder)-[]->(contactInf-
ormation)
WITH    contactInformation,
    count(accountHolder) AS 人群数目
MATCH    (contactInformation)<-[]-(accountHolder)
WITH    collect(accountHolder.Name) AS AccountHolders,
    contactInformation, 人群数目
WHERE    人群数目 > 1
RETURN   AccountHolders AS 信用风险对象，
    labels(contactInformation) AS 关联类型，
    人群数目
ORDER BY 人群数目 DESC
```

效果图如图 7-27 所示。

结果如图 7-27 所示，拥有最多共享关联类型的是“居住地址”，共有 3 名信用风险对象团伙，分别是：徐某、陈某某、李某某。

	信用风险对象	关联类型	人群数目
1	["徐某", "陈某某", "李某某"]	["居住地址"]	3
2	["陈某某", "李某某"]	["联系电话"]	2
3	["徐某", "陈某某"]	["邮箱地址"]	2

图 7-27　查询信用风险对象以及其关联的共享信息效果图

② 确定可能的欺诈团伙的财务风险，并按照财务风险值以降序的方式排列。

```
MATCH    (accountHolder:AccountHolder)-[]->(contactIn-
formation)
WITH    contactInformation,
    count(accountHolder) AS 人群数目
MATCH    (contactInformation)<-[]-(accountHolder),
    (accountHolder)-[r: 持有信用卡 | 持有无抵押贷款 ]-
>(unsecuredAccount)
WITH    collect(DISTINCT accountHolder.Name) AS
AccountHolders,
    contactInformation, 人群数目 ,
    SUM(CASE type(r)
        WHEN ' 持有信用卡 ' THEN unsecuredAccount.Limit
        WHEN ' 持有无抵押贷款 ' THEN unsecuredAccount.Balance
        ELSE 0
    END) as 财务风险
WHERE    人群数目 > 1
RETURN   AccountHolders AS 信用风险对象 ,
    labels(contactInformation) AS 关联类型 ,
    人群数目 ,
    round( 财务风险 ) as 财务风险
ORDER BY  财务风险 DESC
```

效果图如图 7-28 所示。

	信用风险对象	关联类型	人群数目	财务风险
1	["徐某", "陈某某", "李某某"]	["居住地址"]	3	34387.0
2	["徐某", "陈某某"]	["邮箱地址"]	2	29387.0
3	["陈某某", "李某某"]	["联系电话"]	2	18046.0

图 7-28　查询信用风险对象的财务风险效果图

结果如图 7-28 所示，徐某、陈某某、李某某组成的信用风险对象团伙拥有最高的财务风险，财务风险值为 34387.0。

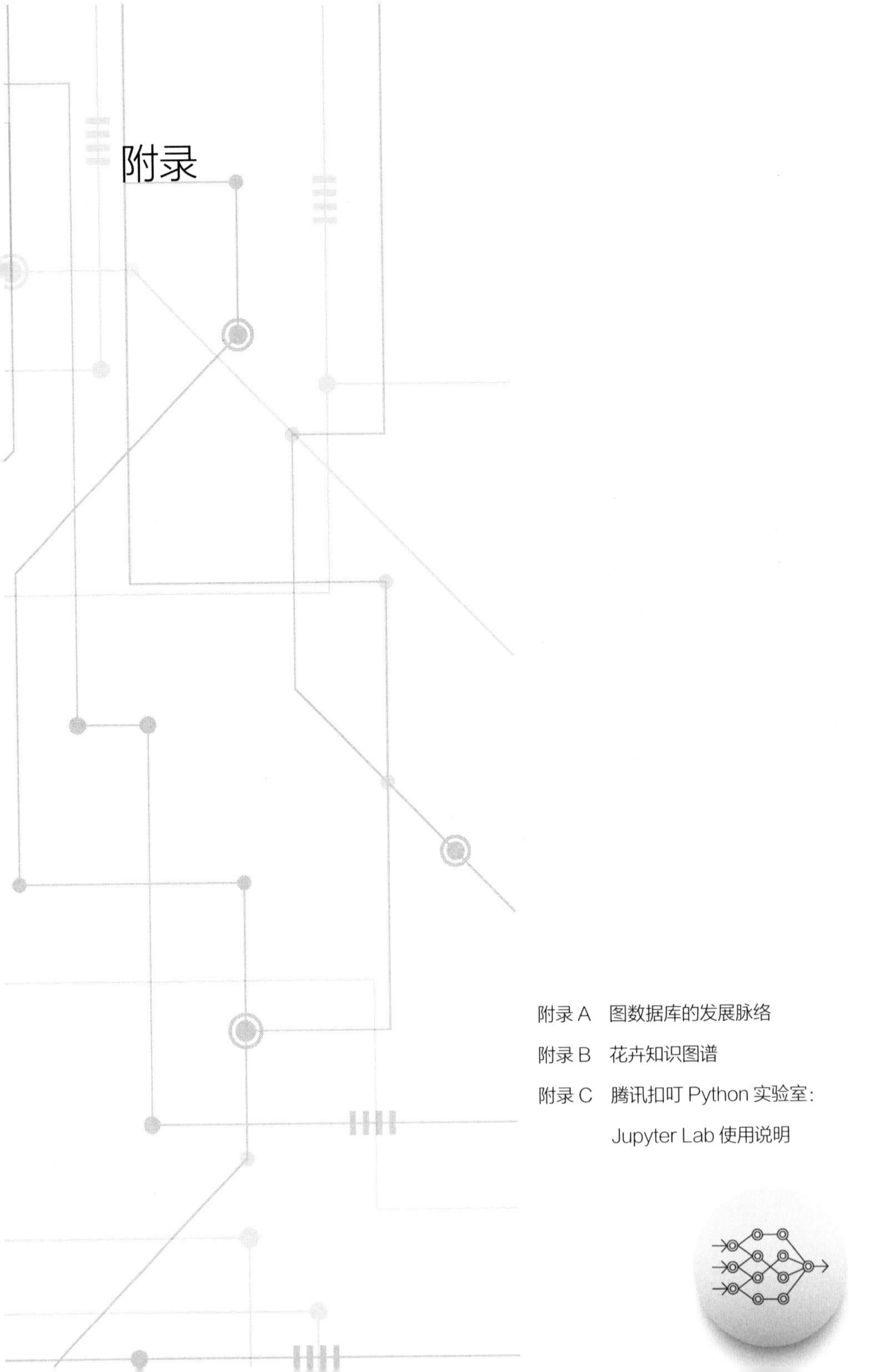

附录

附录 A　图数据库的发展脉络

附录 B　花卉知识图谱

附录 C　腾讯扣叮 Python 实验室：Jupyter Lab 使用说明

附录A　图数据库的发展脉络

A.1　图数据库的发展历程

数据库是按照数据结构来组织、存储和管理数据的仓库。每个数据库都有一个或多个不同的应用程序接口（API, application programming interface）用于创建、访问、管理、搜索和复制所保存的数据。我们也可以将数据存储在文件中，但在文件中读写数据时速度就相对较慢。比如，我们在支付宝余额宝中查询金额，就是来源于数据库的数据。

计算机处理器、内存、存储、网络等领域的技术进步之后，数据库的大小、性能以及它们各自的数据库管理系统都在高速增长。数据库技术的发展可以根据数据模型或结构划分为四个阶段：层级数据库阶段、关系型数据库阶段、非关系型数据库阶段和图数据库阶段。下面按照时间顺序介绍每个时期的主流数据库技术。如图A-1所示。

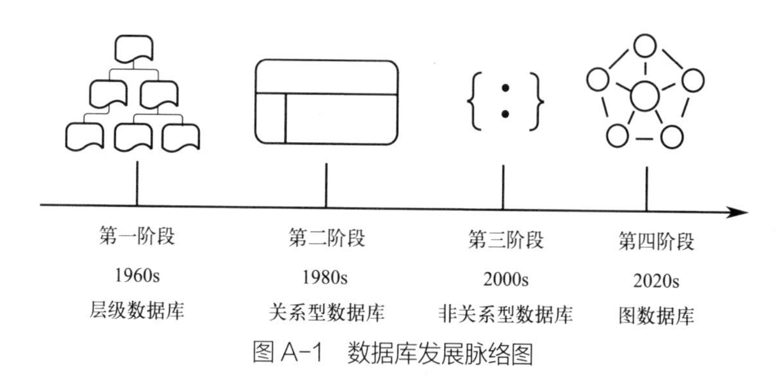

图A-1　数据库发展脉络图

（1）第一阶段：层级数据库

数据库系统的萌芽出现于20世纪60年代。当时计算机开始广泛地应用于数据管理，对数据的共享提出了越来越高的要求。传统的文件系统已经不能满足人们的需要，能够统一管理和共享数据的数据库管理系统（DBMS）应运而生。20 世纪 60 年代到 80 年代的数据库技术被称为层次模型，层次模型是一种用树形结构描述实体及其之间关系的数据模型。这个阶段的数据库技术是将数据存储为相互链接的记录，旨在以树状结构组织数据结构。如图 A-2 所示。

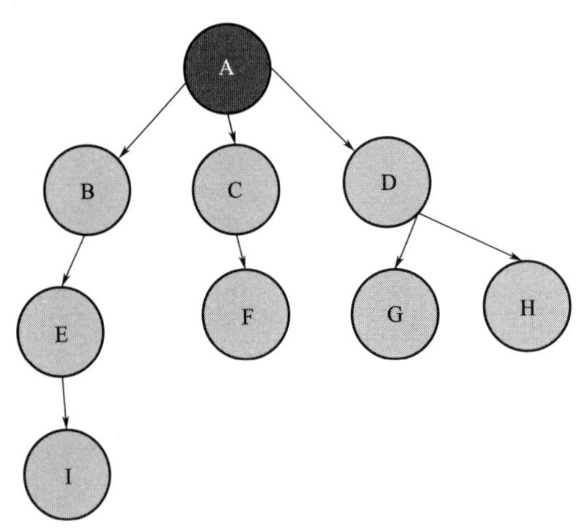

图 A-2　层级数据库数据结构图

• 优点：因为层级数据库模型简单，表现自然且直观，用户容易理解。对于实体间联系固定，且预先定义好的应用系统性能更稳定，它还提供了良好的完整性支持。

• 转折点：链接导航技术效率太低，所以引入了 B 树和自平衡树数据结构来解决性能问题的结构优化。最终通过提供跨链接记录的备用访问路径，帮助数据库加快了记录检索的速度。创新技术的引用让关系型数据库顺其自然地浮出了水面。

（2）第二阶段：关系型数据库

20 世纪 80 年代，随着数据库的使用率增高，数据与检索系统分离成为了新的研究方向。

埃德加·弗兰克·科德在 IBM 工作期间建立了我们称之为实

体关系的概念，这就是关系型数据。在关系型系统中，实体可以链接在一起。关系是不同表之间的逻辑链接，根据这些表之间的交互建立。开发人员要在实体之间创建链接，也需要创建更多的表。如图 A-3 所示。

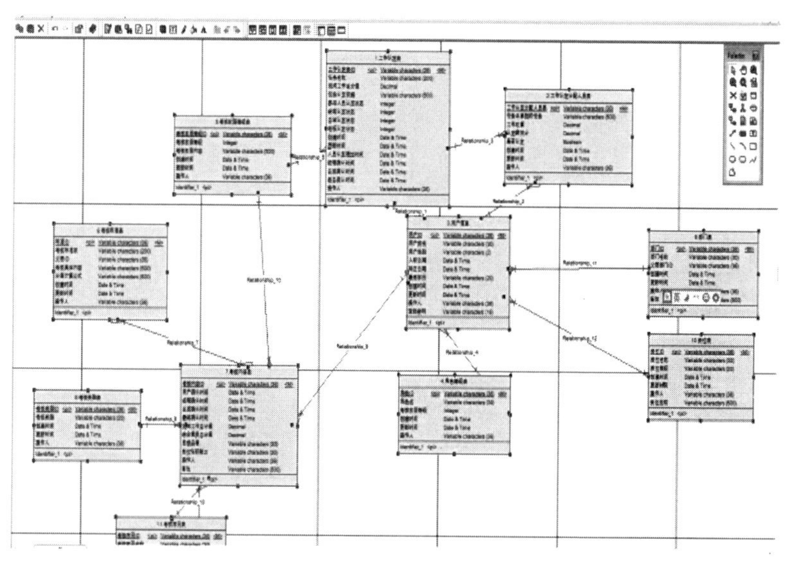

图 A-3　关系型数据库实例图

• 优点：关系型数据库相比于层级数据库，不仅更容易被理解，操作更加方便，而且还能大大降低数据冗余和数据不一致的概率。

• 转折点：20 世纪 90 年代末，随着信息时代的来临，来自云端的庞大数据对于关系型数据库的存储造成了巨大的困扰。而且对于数据库来说，存着巨量的数据并没有体现信息的价值。对于数据的用途，需要新的技术来发掘。

（3）第三阶段：非关系型数据库

2000 年到 2020 年，数据库技术的发展以非关系型数据库（NoSQL）的出现为特征。云端的数据本质上不是表格的结构。如果依赖关系型数据库来解决，就会很复杂。这个阶段的目标是创建可扩展的技术，用于存储、管理和查询各种形式的数据。因此出现了几种不同的 NoSQL，主要有键 - 值、列式、文档型、图数据库。

• 优点：NoSQL 数据库成本低、查询速度快、存储数据的格式多样、扩展性能高。

• 转折点：NoSQL 的约束少，不能够像 SQL 那样提供 where 字段属性的查询，因此适合存储较为简单的数据。如果遇到一些不能持久存储的数据，需要和关系型数据库结合。

（4）第四阶段：图数据库

数据库发展历程中看到的“关联”为数据库创新的第四个阶段“图数据库”奠定了基础。这个阶段的研究方向从存储系统的容量、效率转向为存储系统的数据价值。如图 A-4 所示。

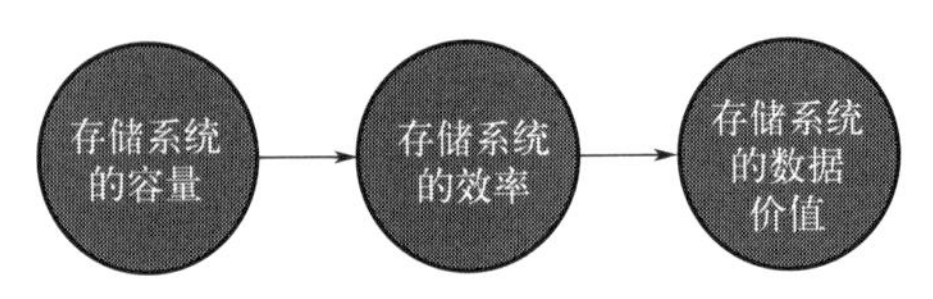

图 A-4　研究方向线路图

• 优点：图数据库可以表达现实世界中的实体及其关联关系；可以适应不断变化的业务需求；拥有灵活的图查询语言，实现复杂关系网络的分析；遍历关系网络并抽取信息的能力强；可以保持常数级时间复杂度。

（5）总结

数据库技术发展至今，带动了科学研究的发展。数据库技术经历四代演变，取得了十分辉煌的成绩：造就了 Bachman、Codd 和 Gray 三位图灵奖得主；发展了以数据建模和数据库管理系统为核心技术的学科；带动了数百亿美元的软件产业。生活在智能时代的今天，对数据的控制、甄别、管理、信息化的程度逐渐成为一个国家的综合实力之一。

A.2 图数据库对比其他数据库

A.2.1 图数据库与 NoSQL 数据库中的其他数据库对比

NoSQL 数据库大致可以分为四类：

（1）键 - 值数据库

键 - 值数据库（key–value database），或键 - 值存储，是用来存储、检索、管理关联数组的数据存储范式，关联数组是现今更常称为“字典”或散列表的一种数据结构。

这些记录使用唯一标识这个记录的“键”来存储和检索，键还用来在数据库中快速地找到数据。如表 A-1 所示。

表 A-1　键 - 值数据库示例表格

key	value
k1	ddd,eee,fff
k2	ddd,eee
k3	ddd,fff
k4	ddd,3,01/01/2023
k5	5,kkk,6985

（2）列式数据库

列式数据库（column-oriented DBMS）是以“列”相关存储架构进行数据存储的数据库，主要适合于批量数据处理和即时查询。相对应的是行式数据库，数据以“行”相关的存储体系架构进行空间分配，主要适用于小批量的数据处理，常用于联机事务型数据处理。如表 A-2 所示。

表 A-2　列存储数据库示例表格

序号	姓名	性别	工资
001	李某某	男	5000
002	徐某某	男	60000
003	何某某	女	8000
004	张某某	女	40000

（3）文档型数据库

面向文档的数据库（document-oriented database）是用于存储、检索、管理面向文档信息的一种计算机程序。这里称为文档的是“半结构化数据”。

它是不完全形式的结构化数据，不服从于与关系型数据库或其他形式数据表有关联的数据模型的形式结构，却包含标签或其他标记，用以在数据内分割语义元素和强制记录字段的层级，所以它也叫作“自我描述结构”，如图 A-5 所示。

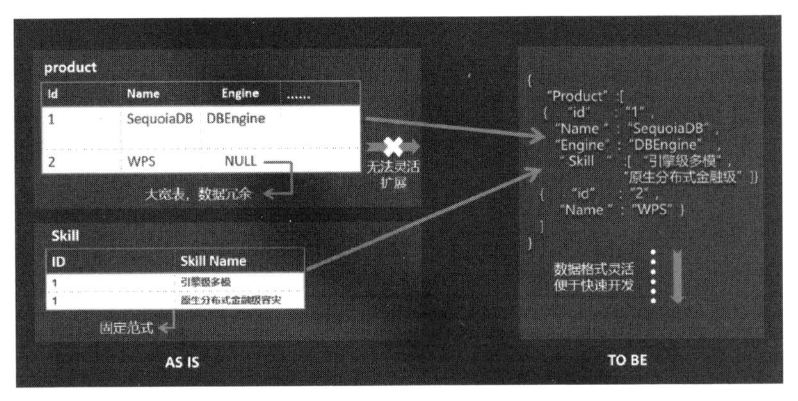

图 A-5　文档型数据库示例图

（4）图数据库

图数据库（graph database，GDB）是一个使用图结构进行语义查询的数据库，它使用节点、边和属性来表示和存储数据，如图 A-6 所示。

查询图数据库中的关系时速度很快，因为它们永久存储在数据库本身中。可以使用图数据库直观地显示关系，对于高度互连的数据非常有用。

图数据库与 NoSQL 中的键 - 值数据库、列式数据库、文档型数据库的优缺点进行比较，如表 A-3 所示。

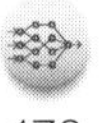

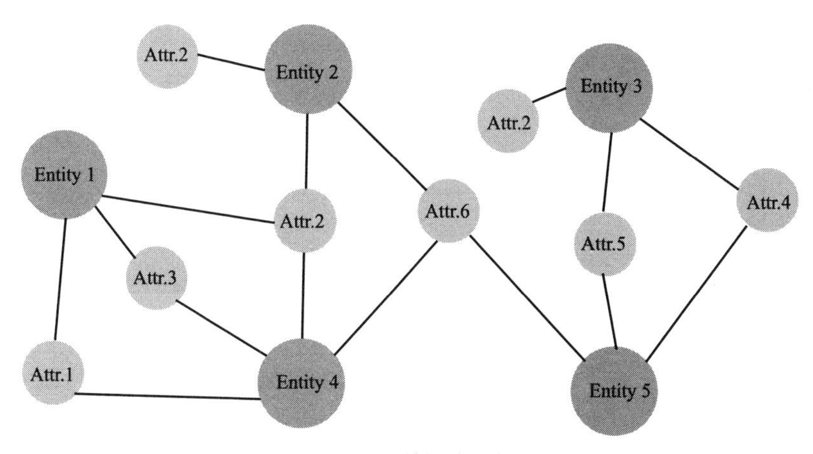

图 A-6　图数据库示例图

表 A-3　图数据库与 NoSQL 数据库的比较表格

项目	键 - 值数据库	列式数据库	文档型数据库	图数据库
数据模型	哈希表	列式数据存储	键值对扩展	节点和关系
优点	查询速度快	查询速度快；分布式横向扩展；数据压缩率高	数据结构要求不严格；表结构可变；不需要提前定义表结构	查询速度极快；灵活运用图结构相关算法
缺点	数据无结构化	功能受限	查询性能不高；缺乏统一查询语法	不利于图数据分布存储
举例	Redis	Hbase	MongoDB	Neo4j

A.2.2　图数据库与关系型数据库对比

关系型数据库实际上是不擅长处理关系的。很多场景下，用户的业务需求完全超出了当前的数据库架构。

举例：假设某关系型数据库中有这么几张银行转账流水表、转账方银行用户信息、接收方银行用户信息表。

如图 A-7 所示，当我们要查询：“风险用户的联系方式？”或者“风险用户的资金流经过哪些用户？”需要开发人员连接几张表，效率非常低下。如图 A-8 所示，如果用图数据库进行查询，则会发现可以快速找到答案，账号 0 是风险账户，联系方式为：1234-1234。

流水ID	转账银行账号	账户ID	接收方银行账户	转账金额
1	账号0	100	账号1	45650
2	账号0	100	账号2	2333
3	账号0	100	账号3	222345
4	账号1		账号4	
5	账号1		账号5	
6	账号2		账号6	
7	账号3		账号7	
8	账号4		账号9	…
9	账号5	…	账号9	
10	账号5		账号10	
11	账号6		账号11	
12	账号7		账号11	
13	账号8		账号11	
14	账号9		账号0	2000
15	账号10		账号0	150000
16	账号11	111	账号0	118328

账户ID	账户用户	电话	家庭住址
100	账号0	1234-1234	x国x市x区
101	账户1		
		…	
111	账户11		

图 A-7　某银行关系数据库示例图

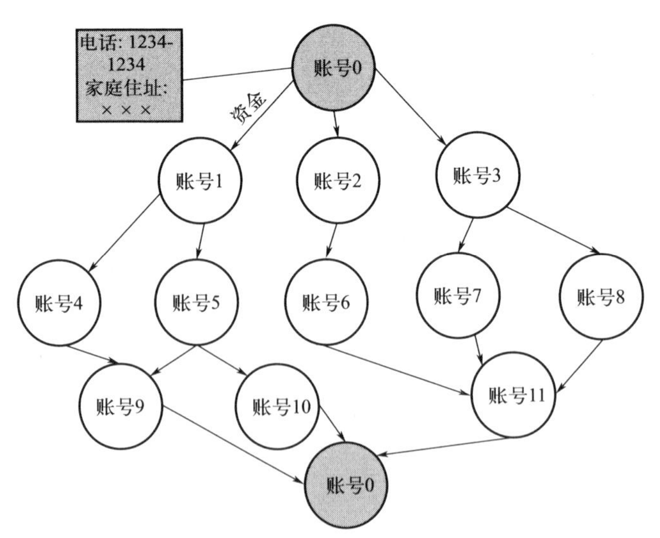

图 A-8　某银行图数据库实例图

根据关系型数据库和图数据库的特点，得出关系型数据库与图数据库的比较表格，如表 A-4 所示。

表 A-4　关系型数据库与图数据库的比较表格

项目	关系型数据库	图数据库
存储模型	行和列存储实体和关系	点和边的集合存储实体和关系
查询模型	扫描行、过滤行、聚合	点边组成路径的遍历与中间计算
分析类型	简单数据查找和描述性统计	关联分析与预测性分析
实时查询	物理表格建立关联较慢	图结构存储的关联扩展响应极快
查询速度	较慢	较快

因此，图数据库更适合数据量大、关联查询复杂的数据结构，利于体现其查询速度和便利性的优势。

A.3　应用场景与常用图数据库

（1）应用场景

① 互联网应用。图数据库能帮助客户快速、有效地发现海量数据中隐含的信息。它还可以通过好友关系、用户画像、行为相似性、商品相似性、资讯传播的途径等实现好友、商品或资讯的个性化推荐。

② 金融风控应用。图数据库通过分析金融账号之间的关系，可以清楚地知道洗钱网络及相关嫌疑。例如对用户所使用的账号、发生交易时的 IP 地址、MAC 地址、手机号等进行关联分析。它还可以监测实时欺诈、识别异常群体、追寻失联人员等。

③ 公安领域应用。图数据库可以通过分析嫌疑人之间的关系，帮助公安机关进行关系审查和挖掘。事实上，很多时候幕后真凶可能与目标案件没有直接关系，只有间接的关系。

④ 企业 IT 应用。图数据库可以帮助基础设备规模庞大、结

构复杂的企业深入了解设备状态、设备之间的关系，实现全网络设备智能监控与管理。它可以进行合理规划网络、分析故障根因、IT 基础设施管理，为企业极大降低设备管理成本。

随着社交、电商、金融、零售、物联网等行业的快速发展，现实社会织起了一张庞大而复杂的关系网，传统数据库很难处理关系运算。大数据行业需要处理的数据之间的关系随数据量呈几何级数增长，亟须一种支持海量复杂数据关系运算的数据库，因此图数据库应运而生。它帮助各行各业提速提效，走向真正具有价值的数据时代。

（2）常用图数据库

随着大数据和图技术的发展，图数据库产品已经出现百家争鸣的局面，有不少国内外的优秀产品也相继涌现，如 Neo4j、JanusGraph、HugeGragh 等图数据库。

① Neo4j。Neo4j 现如今已经被各种行业的数十万家公司和组织采用。Neo4j 的使用案例涵盖了网络管理、软件分析、科学研究、路由分析、组织和项目管理、决策制定、社交网络等。

② JanusGraph。JanusGraph 具有很好的扩展性，通过多机集群可支持存储和查询数百亿的顶点和边的图数据。JanusGraph 是一个事务数据库，支持大量用户高并发地执行复杂的实时图遍历。

③ HugeGragh。HugeGraph 是百度基于 JanusGraph 改进而来的分布式图数据库，主要应用场景是解决百度安全事业部所面对的反欺诈、威胁情报、黑产打击等业务的图数据存储和图建模分析需求，具有良好的读写性能。

不同的数据库产品具有各自的特点，用户可根据实际需求，进行选取。Neo4j 因操作语言通俗易懂，界面直观简洁，相较于其他图数据库产品更适合入门。

附录 B　花卉知识图谱

B.1　需求分析

本图数据库主要目的是查询常见的花卉知识。如图 B-1 所示。

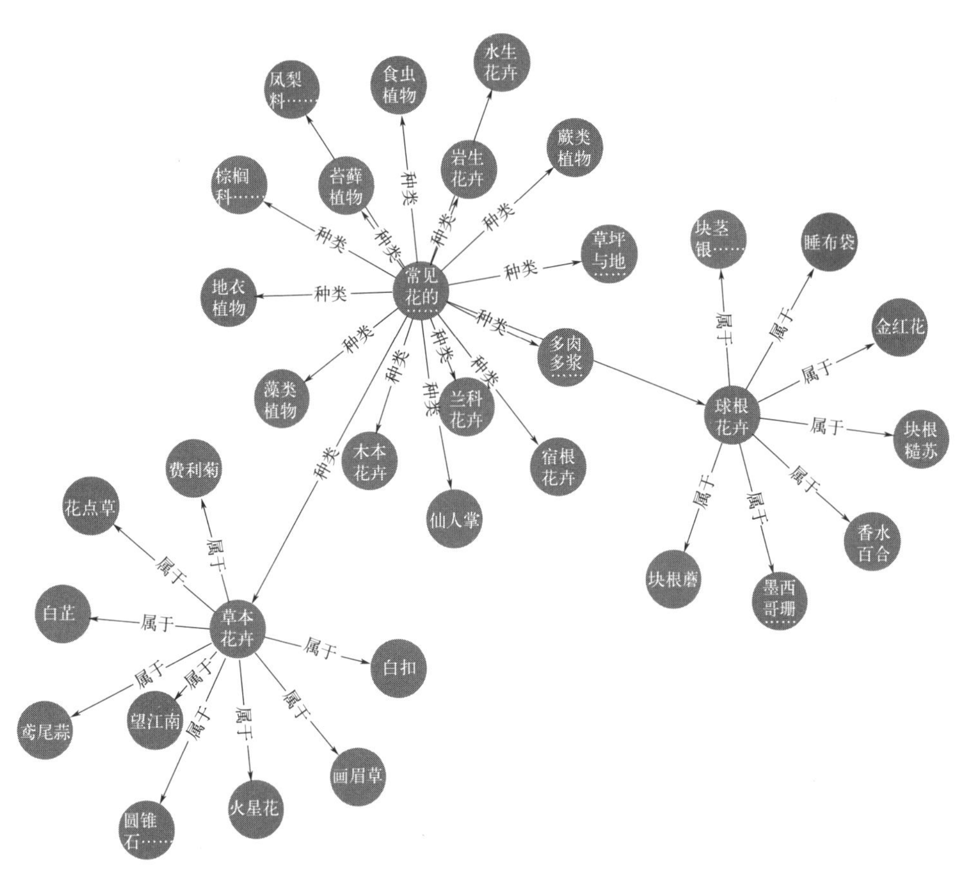

图 B-1　花卉知识图谱

图谱中有明显的父子层级关系，以常见的花的种类为中心发展，所以分析得出关系表格，以便读者梳理花卉之间的关系，如图 B-2 所示。

	A	B	C	D	E	F
1	父目录	子目录_种类	花名	别名	盛花季	简介
2	常见的花的种类	草本花卉	火星花	雄黄兰	夏季	地能越冬。适宜生长于排水良好、
3			画眉草	星星草	夏季	数量多，靠风传播，常见于路边及
4			白扣	无	春季	英文名：Cardamom，科属：姜科，多年
5			花点草	幼油草	夏季	多年生草本，高10～25厘米，有
6			费利菊	幼油草	春季	为多年生草本，高10～25厘米，有
7			白芷	芳香	夏季	生叶一回羽状分裂，复伞形花序顶
8			鸢尾蒜	居里胡子	春季	种子小，黑色。花期5-6月；生
9			望江南	金豆子	秋季	n，分枝少，无毛。叶互生，偶数
10			圆锥石头花	满天星	夏季	多分枝，花小而多；花梗纤细，苞
11		球根花卉	块根蘑	灰离褶伞	无	云南地区。此种菌肉肥厚，味道鲜
12			墨西哥珊瑚坠子	珊瑚坠子	夏季	种植时间是春季4、5月份。种植后
13			香水百合	天上百合	四季	百合科花朵上见到的斑点，在它
14			块根糙苏	野山药	夏季	与兰察布盟。产量较少。块根糙苏
15			金红花	草红	秋季	。花期较长，热带地区可用于布
16			块茎银莲花	块茎银莲	春季	丹A. japonica Sieb. et Zucc.1种；
17			睡布袋	无	无	。表皮坚硬，外形酷似大肚皮和
18		木本花卉	……	……	……	……
19		兰科花卉	……	……	……	……
20		宿根花卉	……	……	……	……
21		仙人掌	……	……	……	……
22		多肉多浆植物	……	……	……	……
23		草坪与地被植物	……	……	……	……
24		水生花卉	……	……	……	……
25		蕨类植物	……	……	……	……
26		苔藓植物	……	……	……	……
27		岩生花卉	……	……	……	……
28		食虫植物	……	……	……	……
29		凤梨科植物	……	……	……	……
30		棕榈科植物	……	……	……	……
31		藻类植物	……	……	……	……
32		地衣植物	……	……	……	……

图 B-2　花卉种类信息图（部分截图）

B.2　创建

• 步骤一：文档准备

① 创建节点“花卉种类”，节点属性“name”和“id”，以及对应的属性值，Excel 文件命名为 : 花卉种类 .xlsx，如图 B-3 所示。

② 创建节点“花名”，节点属性“name”“other_name”“opentime”“introduce”对应 16 类花卉名，Excel 文件命名为 : 花名 .xlsx，如图 B-4 所示。

③ 创建“花名”节点和“花卉种类”节点之间的对应关系，A 列 flower_name 字段（“花名”节点中的 name 属性）指向 B 列 type 字段（“花卉种类”节点中的 name 属性），Excel 文件命名为：花名 _ 种类关系 .xlsx，如图 B-5 所示。

	A	B
1	name	id
2	草本花卉	101
3	木本花卉	102
4	球根花卉	103
5	兰科花卉	104
6	宿根花卉	105
7	仙人掌	106
8	多肉多浆植物	107
9	草坪与地被植物	108
10	水生花卉	109
11	蕨类植物	110
12	苔藓植物	111
13	岩生花卉	112
14	食虫植物	113
15	凤梨科植物	114
16	棕榈科植物	115
17	藻类植物	116
18	地衣植物	117
19	常见花的种类	118

图 B-3 表格“花卉种类”内容示例图

	A	B	C	D
1	name	other_name	opentime	introduce
2	火星花	雄黄兰	夏季	火星花原产
3	画眉草	星星草	夏季	画眉草为禾
4	白扣	无	春季	白扣（学名：
5	花点草	幼油草	夏季	点草（拉丁
6	费利菊	幼油草	春季	花点草（拉
7	白芷	芳香	夏季	白芷（拉丁
8	鸢尾蒜	居里胡子	春季	鸢尾蒜（学
9	望江南	金豆子	秋季	江南又名
10	圆锥石头花	满天星	夏季	圆锥石头花
11	块根蘑	灰离褶伞	无	灰离褶伞，
12	西哥珊瑚坠	珊瑚壁子	夏季	墨西哥珊瑚
13	香水百合	天上百合	四季	香水百合是
14	块根糙苏	野山药	夏季	块根糙苏原
15	金红花	草红	秋季	金红花金红
16	块茎银莲花	块茎银莲	春季	块茎银莲花
17	睡布袋	无	无	睡布袋是

图 B-4 表格“花名”内容示例图（部分截图）

④ 创建“花卉种类”节点和“常见花卉种类”节点的对应关系，A 列 flower_id 字段（“花卉种类”节点中的 id 属性）指向 B 列 all_type 字段（“花卉种类”节点中的 name 属性），Excel 文件命名为：种类 _ 常见花的种类关系 .xlsx，如图 B-6 所示。

	A	B
1	flower_name	type
2	火星花	草本花卉
3	画眉草	草本花卉
4	白扣	草本花卉
5	花点草	草本花卉
6	费利菊	草本花卉
7	白芷	草本花卉
8	鸢尾蒜	草本花卉
9	望江南	草本花卉
10	圆锥石头花	草本花卉
11	块根蘑	球根花卉
12	墨西哥珊瑚坠子	球根花卉
13	香水百合	球根花卉
14	块根糙苏	球根花卉
15	金红花	球根花卉
16	块茎银莲花	球根花卉
17	睡布袋	球根花卉

图 B-5 表格“花名 _ 种类关系”内容示例图

	A	B
1	flower_id	all_type
2	101	常见花的种类
3	102	常见花的种类
4	103	常见花的种类
5	104	常见花的种类
6	105	常见花的种类
7	106	常见花的种类
8	107	常见花的种类
9	108	常见花的种类
10	109	常见花的种类
11	110	常见花的种类
12	111	常见花的种类
13	112	常见花的种类
14	113	常见花的种类
15	114	常见花的种类
16	115	常见花的种类
17	116	常见花的种类
18	117	常见花的种类

图 B-6 表格“种类 _ 常见花的种类关系”内容示例图

⑤ 将以上四个 Excel 文档分别另存为 csv（UTF-8）格式文档，如图 B-7 所示。

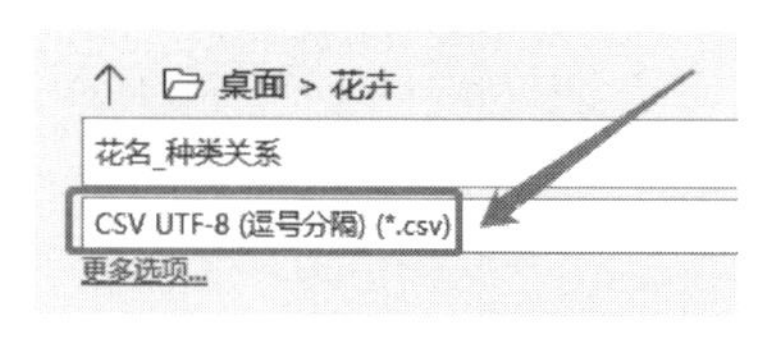

图 B-7　保存格式示例图

⑥ 将所有 csv 文档复制到 Neo4j 当前数据库存储数据的文件夹，路径为：C:\Users\ 主机名 .Neo4jDesktop\relate-data\dbmss\ 数据库序号 \import（建议数据库序号文件夹按照修改时间进行文件排序），如图 B-8 所示。

« relate-data › dbmss › dbms-0d8ccda9-5ade-4699-b885-45f5dca9d026 › import　在 import 中搜

名称	修改日期	类型	大小
花卉种类.csv	2023/3/25 15:06	Microsoft Excel ...	1 KB
花名.csv	2023/3/24 18:10	Microsoft Excel ...	8 KB
花名_种类关系.csv	2023/3/24 18:10	Microsoft Excel ...	1 KB
种类_常见花的种类关系.csv	2023/3/24 18:35	Microsoft Excel ...	1 KB

图 B-8　保存路径示例图

• 步骤二：在 Neo4j 中批量导入文档数据

① 创建花卉种类节点及其属性，如表 B-1 所示。

表 B-1　花卉种类节点及其属性表

读取的 csv 文档名	文档变量	节点标签	节点属性	对应属性值
花卉种类 .csv	line	flower_type	name	文档中的 name 字段
			id	文档中的 id 字段

示例语句：

```
load csv with headers from 'file:/// 花卉种类 .csv' as line
create(:flower_type{name:line.name,id:line.id})
```

② 创建花名节点属性及其属性，如表 B-2 所示。

表 B-2　花名节点属性及其属性表

读取的 csv 文档名	文档变量	节点标签	节点属性	对应属性值
花名 .csv	line	flower	name	文档中的 name 字段
			other_name	文档中的 other_name 字段
			opentime	文档中的 opentime 字段
			introduce	文档中的 introduce 字段

示例语句：

```
load csv with headers from 'file:/// 花名 .csv' as line
create(:flower{name:line.name,other_name:line.other_
name,opentime:line.opentime,introduce:line.introduce})
```

效果如图 B-9 所示。

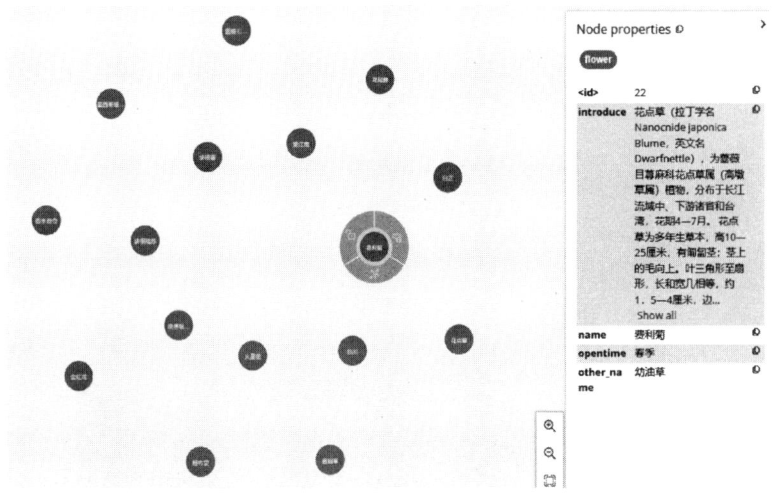

图 B-9　创建花名节点属性及其属性后的效果图

③ 创建花名和种类之间的种类关系，如表 B-3 所示。

表 B-3 花名和种类之间的种类关系表

项目	读取的 csv 文档名	文档变量	起点				起点指向终点的关系
			节点名	节点标签	节点属性	对应属性值	
值	花名 _ 种类关系	line	from	flower_type	name	文档中的 type 字段	属于
项目	读取的 csv 文档名	文档变量	终点				起点指向终点的关系
			节点名	节点标签	节点属性	对应属性值	
值	花名 _ 种类关系	line	to	flower	name	文档中的 flower_name 字段	属于

示例语句：

```
load csv with headers from 'file:/// 花名 _ 种类关系 .csv'
as line
match (from:flower_type{name:line.type}),(to:flower{name:
line.flower_name})
merge (from)-[: 属于 ]->(to)
```

效果图如图 B-10 所示。

④ 创建种类和常见花的种类之间的关系，如表 B-4 所示。

表 B-4 种类和常见花的种类之间的关系表

项目	读取的 csv 文档名	文档变量	起点				起点指向终点的关系
			节点名	节点标签	节点属性	对应属性值	
值	种类 _ 常见花的种类关系	line	from	flower_type	name	文档中的 all_type 字段	种类
项目	读取的 csv 文档名	文档变量	终点				起点指向终点的关系
			节点名	节点标签	节点属性	对应属性值	
值	种类 _ 常见花的种类关系	line	to	flower_type	id	文档中的 flower_id 字段	种类

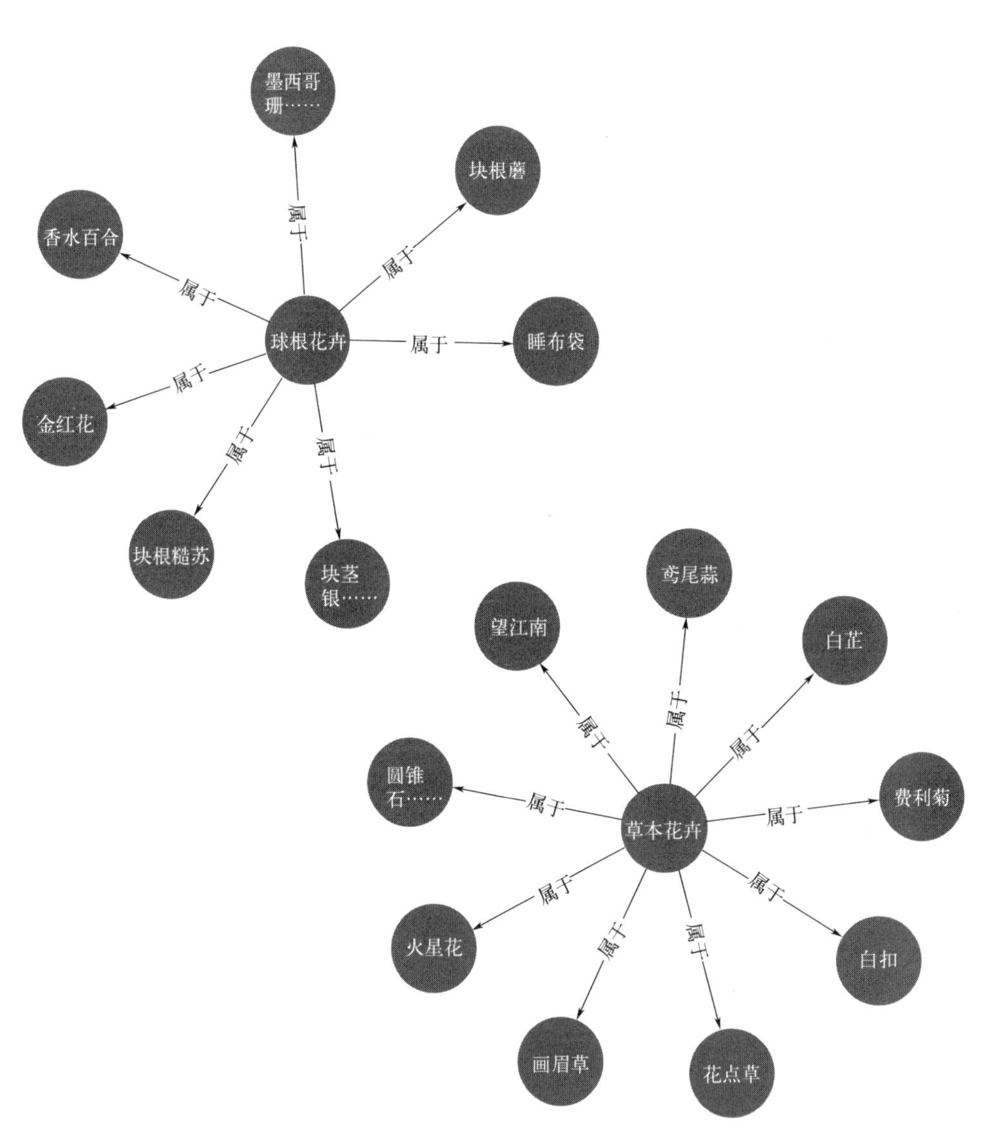

图 B-10　创建花名和种类之间的种类关系后的效果图

示例语句：

```
load csv with headers from 'file:///种类_常见花的种类关系.csv' as line
match (from:flower_type{name:line.all_type}),(to:flower_type{id:line.flower_id})
merge (from)-[:种类]->(to)
```

最终效果图如图 B-11 所示。

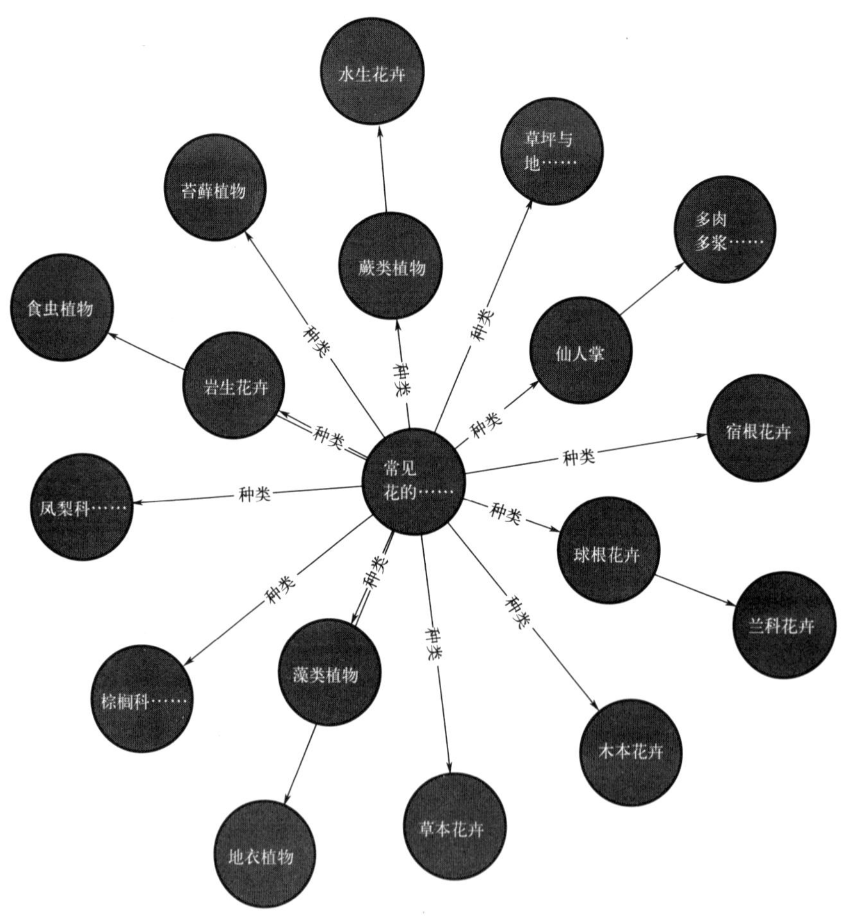

图 B-11　创建种类和常见花的种类之间的关系后的效果图

B.3 查询

① 常见的花有多少种类型？输入以下代码：

```
MATCH (n:flower_type {name:'常见花的种类'})-[:种类]-()
RETURN count(*) as 种类数量
```

结果显示：常见的花一共有 17 种。

② 常见的花有哪些种类？输入以下代码：

```
MATCH (n:flower_type {name: '常见花的种类' })--(flower_
type)
RETURN flower_type.name as 种类
```

结果显示：常见花的种类：草本花卉、木本花卉、球根花卉、兰科花卉、宿根花卉、仙人掌、多肉多浆植物、草坪与地被植物、水生花卉、蕨类植物、苔藓植物、岩生花卉、食虫植物、凤梨科植物、棕榈科植物、藻类植物、地衣植物。

③ “居里胡子”是什么花的别名？输入以下代码：

```
match(flower)
where flower.other_name ='居里胡子'
return flower.name as 花名
```

结果显示：“居里胡子”是鸢尾蒜的别名。

④ 在夏季盛开的花有哪些？请展开介绍。输入以下代码：

```
match(flower)
where flower.opentime ='夏季'
return flower.name as 花名,flower.introduce as 介绍
```

结果显示：火星花、花点草、白芷、圆锥石头花、墨西哥珊瑚坠子、块根糙苏都在夏季盛开。

附录 C　腾讯扣叮 Python 实验室：Jupyter Lab 使用说明

本书中展示的代码及运行结果都是在 Jupyter Notebook 中编写并运行的，并且保存后得到的是后缀名为 ipynb 的文件。

Jupyter Notebook（以下简称 jupyter），是 Python 的一个轻便的解释器，它可以在浏览器中以单元格的形式编写并立即运行代码，还可以将运行结果展示在浏览器页面上。除了可以直接输出字符，还可以输出图表等，使得整个工作能够以笔记的形式展现、存储，对于交互编程、学习非常方便。

一般安装了 Anaconda 之后，jupyter 也被自动安装了，但是它的使用还是较为复杂，也比较受电脑性能的制约。为了让读者更方便地体验并使用本书中的代码，在此介绍一个网页版的 jupyter 环境，也就是腾讯扣叮 Python 实验室人工智能模式的 Jupyter Lab，如图 C-1 所示。

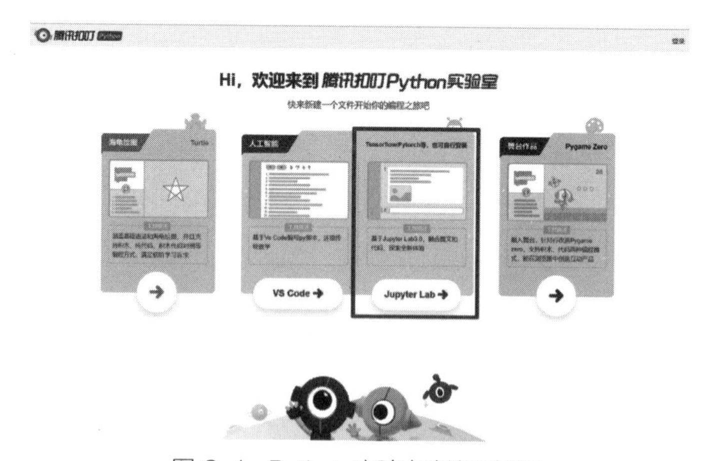

图 C-1　Python 实验室欢迎页插图

人工智能模式的 Jupyter Lab 将环境部署在云端，以云端能力为核心，利用腾讯云的 CPU/GPU 服务器，将环境搭建、常见库安装等能力预先部署，可以为使用者省去不少烦琐的环境搭建时间。Jupyter Lab 提供脚本与课件两种状态，其中脚本状态主要以 py 格式文件开展，还原传统 Python 程序场景，课件状态属于 Jupyter 模式（图文 + 代码），如图 C-2 所示。

图 C-2　Jupyter Lab 的单核双面

打开网址后，会看到图 C-3 所示的启动页面，需要先点击右上角的登录，不需要提前注册，使用 QQ 或微信都可以扫码进行

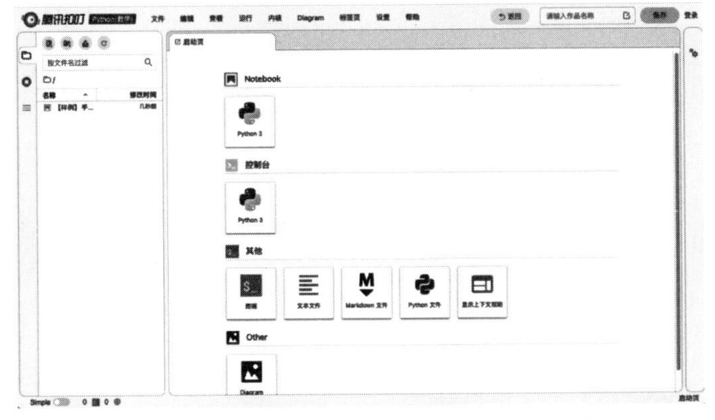

图 C-3　腾讯扣叮 Python 实验室 Jupyter Lab 启动页面

登录。登录后可以正常使用 Jupyter Lab，而且也可以将编写的程序保存在头像位置的个人中心空间内，方便随时随地登录调用。想要将程序保存到个人空间，在右上角输入作品名称，再点击右上角的“保存”按钮即可。

在介绍完平台的登录与保存之后，接下来介绍如何新建文件、上传文件和下载文件。想要新建一个空白的 ipynb 文件，可以点击图 C-4 启动页 Notebook 区域中的“Python3”按钮。点击之后，会在当前路径下创建一个名为“未命名 .ipynb”的 Notebook 文件，启动页也会变为一个新的窗口，如图 C-5 所示，在这个窗口中，可以使用 Jupyter Notebook 进行交互式编程。

图 C-4　启动页 Notebook 区域

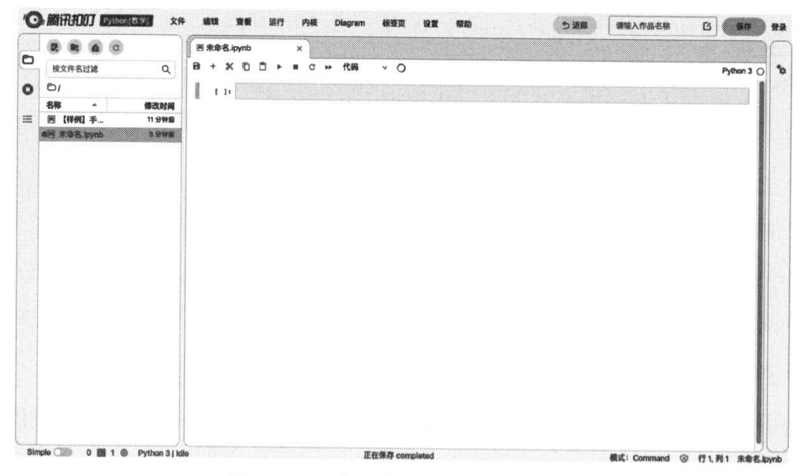

图 C-5　未命名 .ipynb 编程窗口

如果想要上传电脑上的 ipynb 文件，可以点击图 C-6 启动页左上方四个蓝色按钮中的第 3 个按钮：上传按钮。四个蓝色按钮的功能从左到右依次是：新建启动页、新建文件夹、上传本地文件和刷新页面。

图 C-6　启动页左上方蓝色按钮

点击上传按钮之后，可以在电脑中选择想上传的 ipynb 文件，这里上传一个 SAT_3.ipynb 文件进行展示，上传后在左侧文件路径下会出现一个名为 SAT_3.ipynb 的 Notebook 文件，如图 C-7 所示，但是需要注意的是，启动页并不会像创建文件一样，出现一个新的窗口，需要在图 C-7 左侧的文件区找到名为 SAT_3.ipynb 的 Notebook 文件，双击打开，或者右键选择文件打开，打开后会

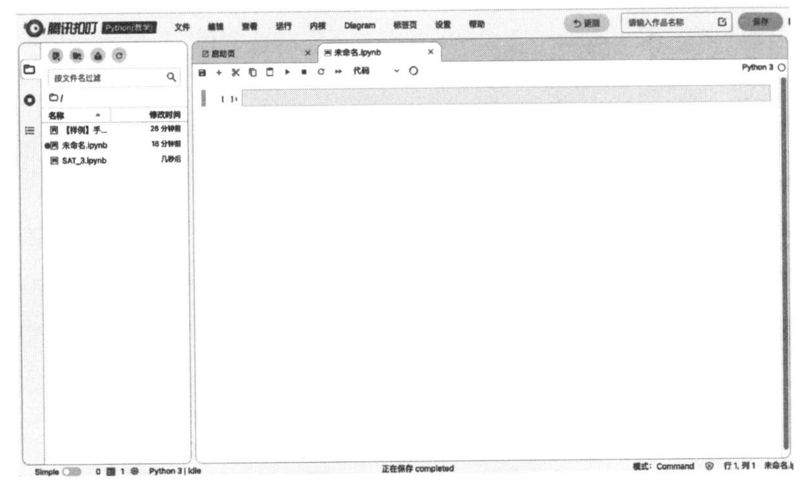

图 C-7　上传文件后界面

出现一个新的窗口，如图 C-8 所示，可以在这个窗口中编辑或运行代码。

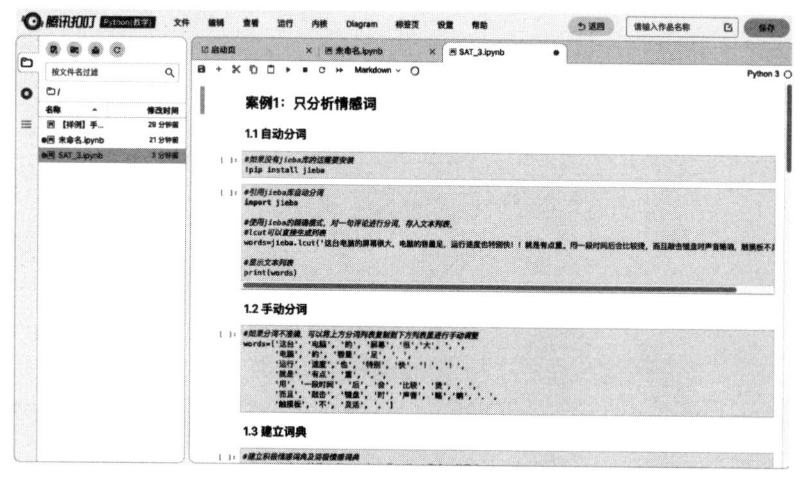

图 C-8　双击打开文件后界面

想要下载文件的话，可以在左侧文件区选中想要下载的文件，然后右键点击选中的文件，会出现如图 C-9 所示的指令界面，选择

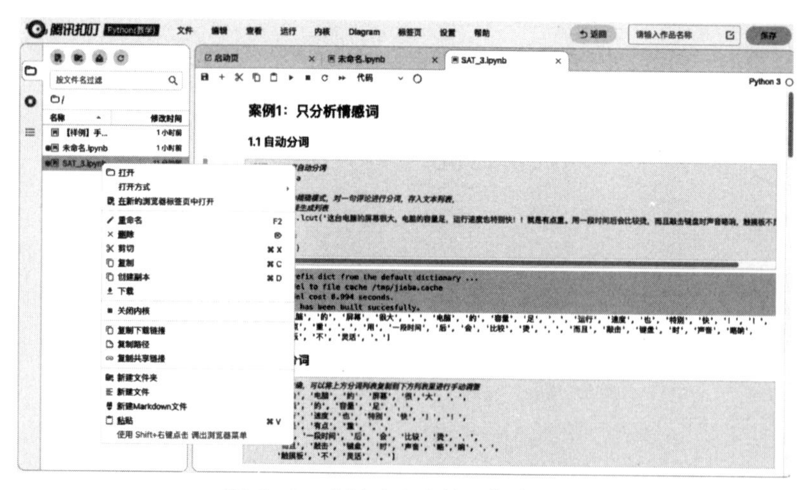

图 C-9　右键点击文件后指令界面

“下载”即可，如果想修改文件名称的话可以点击“重命名”，如果想删除文件的话可以点击“删除”，其他功能读者可以自行探索。

在介绍完如何新建文件、上传文件和下载文件之后，接下来介绍如何编写程序和运行程序。Jupyter Notebook 是可以在单个单元格中编写和运行程序的，这里回到未命名 .ipynb 的窗口进行体验，点击上方文件的窗口名称即可跳转。先介绍一下编辑窗口上方的功能键，如图 C-10 所示，它们的功能从左到右依次是：保存、增加单元格、剪切单元格、复制单元格、粘贴单元格、运行单元格程序、中断程序运行、刷新和运行全部单元格。代码代表的是代码模式，可以点击代码旁的小三角进行模式的切换，如图 C-11 所示，可以使用 Markdown 模式记录笔记。

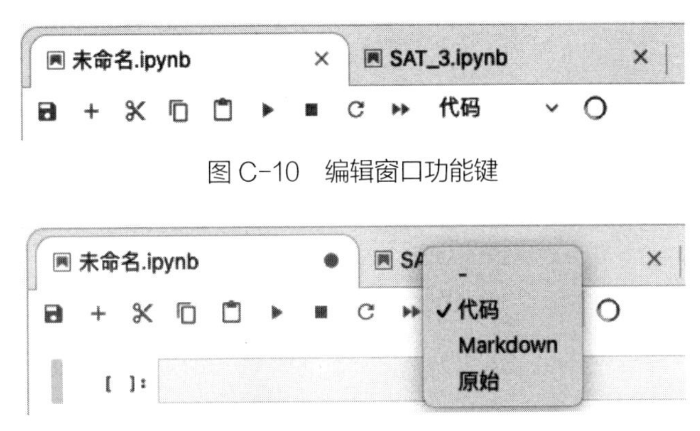

图 C-10　编辑窗口功能键

图 C-11　代码模式与 Markdown 模式切换

接下来在单元格中编写一段程序，并点击像播放键一样的运行功能键，或者使用“Ctrl+Enter 键”（光标停留在这一行单元格）运行，并观察一下效果，如图 C-12 所示，其中灰色部分是编写程序的单元格，单元格下方为程序的运行结果。

在 jupyter 里面不使用 print() 函数也能直接输出结果，当然使用 print() 函数也没问题。不过如果不使用 print() 函数，当有多个

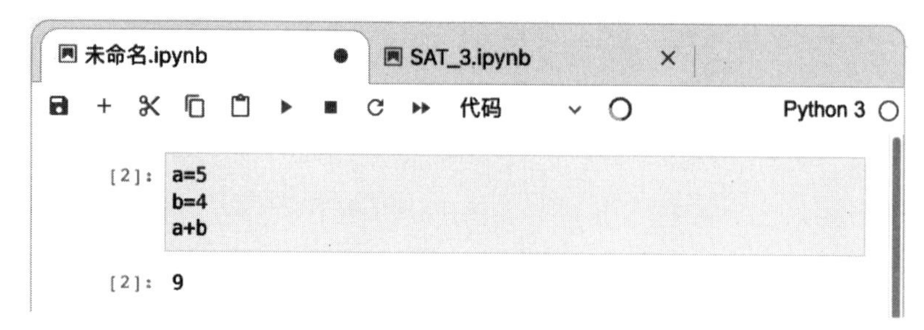

图 C-12　单元格内编写并运行程序

输出时，可能后面的输出会把前面的输出覆盖。比如在后面再加上一个表达式，程序运行效果如图 C-13 所示，单元格只输出最后的表达式的结果。

图 C-13　单元格内两个表达式运行结果

想要添加新的单元格的话可以选中一行单元格之后，点击上面的“+”号功能键，这样就在这一行单元格下面添加了一行新的单元格。或者选中一行单元格之后直接使用快捷键“B”键，会在这一行下方添加一行单元格。选中一行单元格之后使用快捷键“A”键，会在这一行单元格上方添加一行单元格。注意，想要选中单元格的话，需要点击单元格左侧空白区域，选中状态下单元格内是不存在鼠标光标的。单元格显示白色处于编辑模式，单元格显示灰色处于选中模式。

想要移动单元格或删除单元格的话，可以在选中单元格之后，点击上方的“编辑”按钮，会出现如图 C-14 所示的指令界面，可以选择对应指令，上下移动或者删除单元格，删除单元格的话，选中单元格，按两下快捷键“D”键或者右键点击单元格，选择删除单元格也可以。其他功能读者可以自行探索。

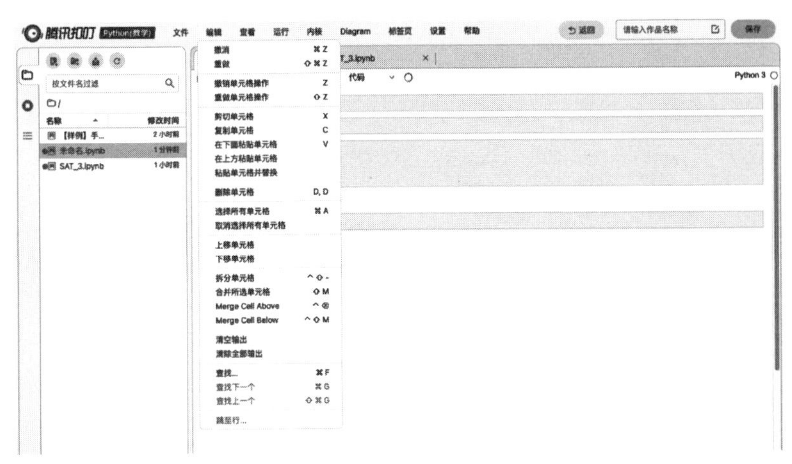

图 C-14　编辑按钮对应指令界面

最后介绍如何做笔记和安装 Python 的第三方库，刚才介绍了单元格的两种模式。代码模式与 Markdown 模式，把单元格的代码模式改为 Markdown 模式，程序执行时就会把这个单元格当成是文本格式。可以输入笔记的文字，还可以通过“#”号加空格控制文字的字号，如图 C-15 与图 C-16 所示。可以看到的是，在 Markdown 模式下，单元格会转化为文本形式，并根据输入的“#”号数量进行字号的调整。

想要在 jupyter 里安装 Python 第三方库，可以在单元格里输入：! pip install 库名，然后运行这一行单元格的代码，等待即可，如图 C-17 所示。不过腾讯扣叮 Python 实验室的 Jupyter Lab 已经

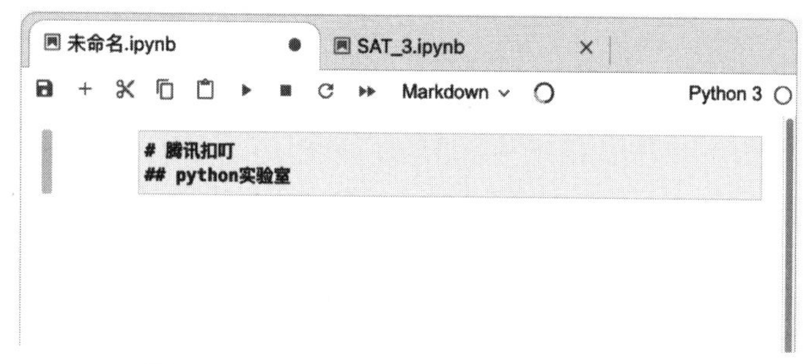

图 C-15　Markdown 模式单元格编辑界面

图 C-16　Markdown 模式单元格运行界面

内置了很多常用的库，读者如果在编写程序中发现自己想要调用的库没有安装，可以输入并运行对应代码进行 Python 第三方库的安装。

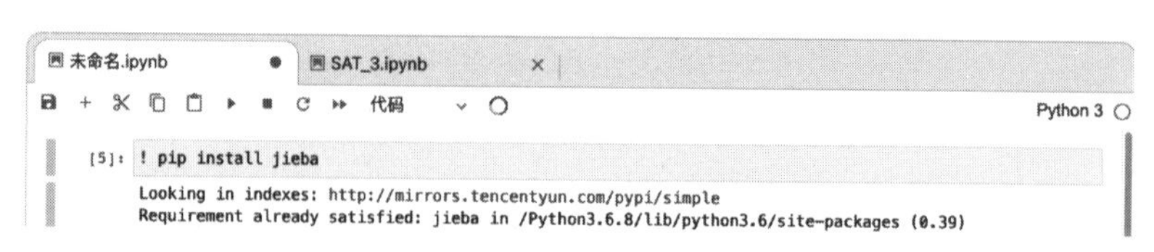

图 C-17　Python 第三方库的安装